テストで

使える！

「19×999…」

魔法の ＋×−÷

暗 ∞ 算

ドリル

杉之原

眞 ✌ 貴

CS出版

世界一かんたんで、速い暗算法

インドをはじめ、どんな国にも勝てる

インドは、19×19の計算がとても速いことで有名です。

でも、みなさん、もっと速く計算（暗算）できる方法があるんです。それがこの本でしょうかいする、19×無限暗算法です。

みなさん、次のように暗算ができる自分を想像してみてください。

- ・世界一、計算が速い
- ・19×無限ケタまで、ケタ数の多い計算もできる
- ・円周率3.14×19の暗算がかんたんにできる
- ・おもしろくて、自分から進んで暗算したくなる

かけ算九九の100マス計算を学校でしていますか？　100マスをすべてうめ終わるまでのタイムが3分を切れば、計算が速いといわれます。

かけ算九九以上の計算は、学校では筆算を習います。

筆算を使わずに速く暗算ができたらどうでしょうか？　暗算力がつけば、計算するだけでワクワクしてきますよ。

計算が速い、しかも暗算に自信がもてれば、人生の大きな武器になります。世界でも自信をもって戦えます。

この本で、これからしょうかいする暗算の方法は、わたしの教える教室で、多くの生徒がじっさいに使えるようになっているものです。

わたしは17年前から、この方法を子どもたちに教えています。幼稚園の年長さんでもできるのだから、この方法はかんたんに決まっているのです。

答えが魔法のように
パッと出るよ！

自信をもって使える！

- ・テストで使える
- ・最速スピード
- ・19×無限

というのがこの「魔法の暗算ドリル」の強みであり特ちょうです。

なぜ「最速」といえるのか？

この暗算法では数字ではなく、手のイメージを使っています。

数字は頭のなかで消えてしまいますが、イメージは消えにくいからです。

これで多くの生徒が、とても速いスピードで暗算できるようになりました。

ところがこの暗算法を、テストでは使わないという人が多いです。

なぜか聞いたら、テストではミスがこわいので使わないというのです。そこで考えたのが、この本でしょうかいする九去法を使った検算のやり方です。

この本には、今までになかった19×19を超える19×99とか19×999から無限ケタの計算方法まで出てきます。

たとえば中学受験でよく出る円の問題も、3.14×19までは、かんたんに暗算で答えを出すことができます。これはとてもべんりです。

読者のみなさんもかならずできます。がんばってくださいね。

株式会社 SUGINOHARA ORIGAMI ACADEMY 代表　　杉之原 眞貴

付録の暗算カードの使い方

・切り取り線で切り分け、あなにひもやリングを通して使ってください。

・ハサミを使う時は、手を切らないように十分に注意してください。

指計算

指で数字を表す

✎ 手のこうがわが0から5、手の平がわが6から9

まずは指で数を表す方法をおぼえましょう！
えん筆をもつ手と反対の手で数を表します。右ききの場合（右手でえん筆をもつ
場合）は左手を、左ききの場合は右手を使います。

まずはグーが0です。人差し指を立てて1、中指も立てて2、薬指も立てて3、
小指も立てて4、親指も立ててパーが5です。

0

1

2

3

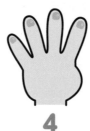
4

5

グーをうら返します。
これも5です。

同じく手の平を上に向けたままで、指を立てていくと、
図のような数字になります。

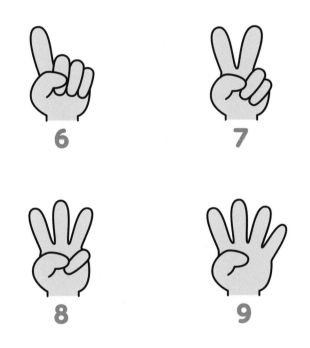

人差し指を立てて 6、中指も立て
て 7、薬指も立てて 8、小指も立
てて9です。
このようにかた手で1から9まで
表すことができます。

指をイメージ
できるように
してね

🔺 計算を目に見える指でおぼえる

数を指で計算してみましょう。

指をじっさいに使ってもいいですが、頭のなかでイメージできれば暗算になります。

まずは1から5までを、指の数と数字のたし算でやってみましょう！

- 1足す1は2　　　　 ＋1＝2

- 2足す2は4　　　　 ＋2＝4

- 5足す5は10　　　 ＋5＝10

- 3足す1は4　　　　 ＋1＝4

- 5足す3は8　　　　 ＋3＝8

・6足す4は10 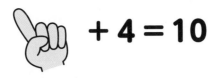 ＋4＝10

・7足す5は12 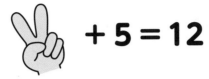 ＋5＝12

・8足す6は14 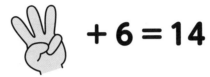 ＋6＝14

・9足す7は16 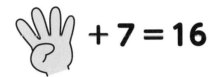 ＋7＝16

これを何度もくり返し、パターンをおぼえます。このパターンをおぼえることが大切です。
パッと見ればすぐに答えが出るくらいまでくり返します。

この練習はどこでもできます。
ひまがあればつねにやるようになればベストです。

頭のなかにイメージした
指と数字のたし算、
ガンバロー！

❶ 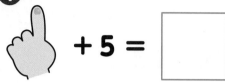 + 5 = ☐

❷ 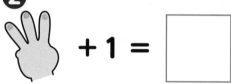 + 1 = ☐

❸ 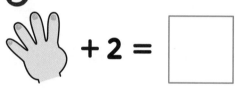 + 2 = ☐

❹ 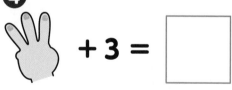 + 3 = ☐

❺ 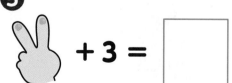 + 3 = ☐

❻ 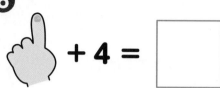 + 4 = ☐

❼ 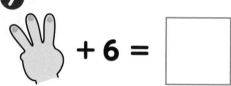 + 6 = ☐

❽ 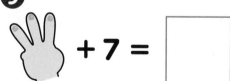 + 1 = ☐

❾ 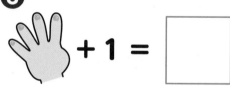 + 7 = ☐

❿ 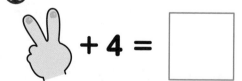 + 4 = ☐

❶ 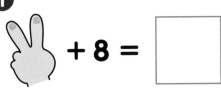 + 8 =

❷ 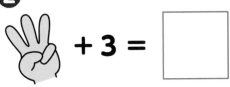 + 3 =

❸ 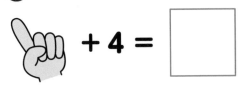 + 4 =

❹ 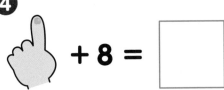 + 8 =

❺ 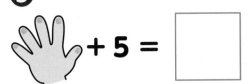 + 5 =

❻ 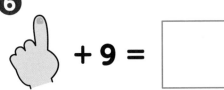 + 9 =

❼ 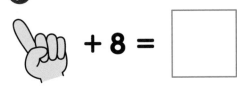 + 8 =

❽ 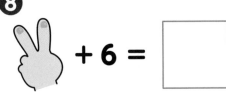 + 6 =

❾ 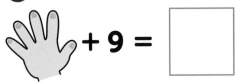 + 9 =

❿ 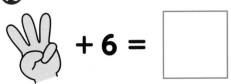 + 6 =

❶ 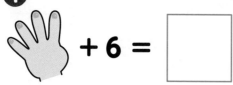 + 6 = ☐

❷ 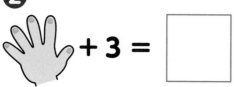 + 3 = ☐

❸ + 1 = ☐

❹ 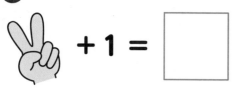 + 6 = ☐

❺ + 7 = ☐

❻ 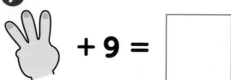 + 2 = ☐

❼ 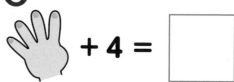 + 9 = ☐

❽ 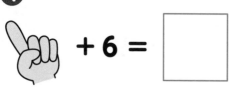 + 4 = ☐

❾ 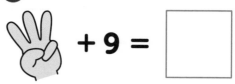 + 9 = ☐

❿  + 2 = ☐

➡ 答えは163ページ

❶ 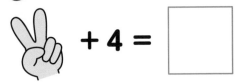 + 4 =

❷ 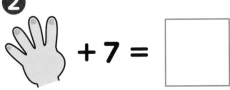 + 7 =

❸ 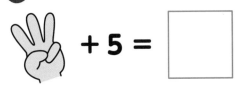 + 5 =

❹ 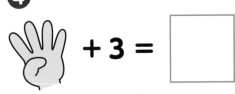 + 3 =

❺ 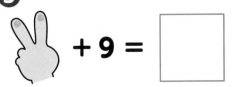 + 9 =

❻ 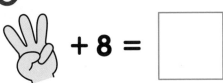 + 8 =

❼ 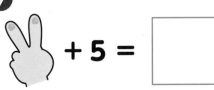 + 5 =

❽ 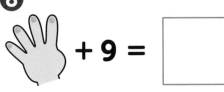 + 9 =

❾ 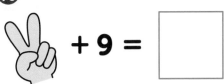 + 9 =

❿ + 9 =

19×1ケタの計算

指で表した数が答えの2ケタ目

では、基本の19×1ケタの暗算をしっかりマスターしましょう！
基本をマスターすると、19×19の暗算がグンとスピードアップします。

ここで、この本での数のよび方を決めておきます。

かけられる数 ← **13** × **2** → **かける数**

計算式で、左がわの数を「かけられる数」、
右がわの数を「かける数」とよんでいきます。

🔔 かけた時にくり上がりがない場合

まずは15×1でやってみます。

かける数の1を指で表します。
その指が答えの十の位にあるとイメージします。

十の位　　　一の位

15 × 1 =

つまり、左手で十の位の数を表しているのです。

そして、かける数とかけられる数の一の位をかけます。
いんごが5。
この5が答えの一の位です。
そして今回はくり上がりがないので、答えの十の位は1のまま。
答えは15です。
どうですか！　こんなにかんたんに答えが出ます。

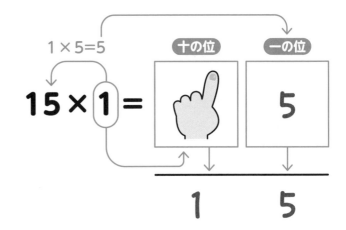

もう1つ、今度は 12 × 4 をやってみましょう。
指でかける数の4を表して、その指が答えの十の位にあるとイメージします。

一の位どうしをかけます。
しにが8。
8が答えの一の位です。
くり上がりがないので、答えの十の位は4。
答えは48です。

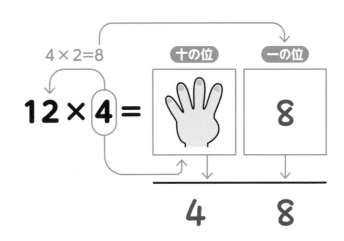

上の2つの例のように、一の位をかけた時にくり上がりがないケースはとてもかんたんです。

👆 ここがポイント

19 × 1ケタの暗算では、十の位に指があるとイメージする。

次の順番でマスをうめていきます。

1 かける数を指で表し、十の位に指があるとイメージする（ア）。

2 指で表した数とかけられる数の一の位をかける（イ）。

3 イの数を答えの一の位に、アの数を答えの十の位に書く（ウ）。

例を参考にイウをうめていってください。アはじっさいに指で表してください。

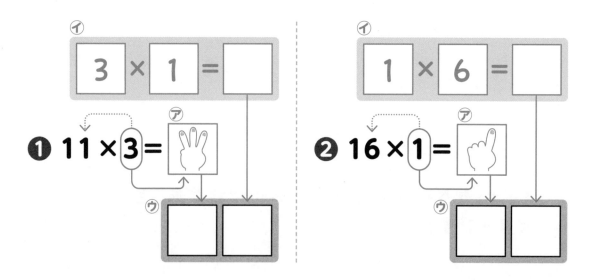

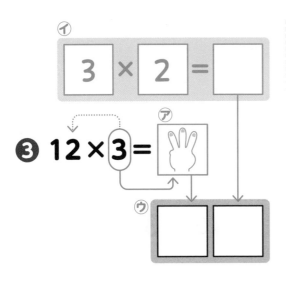

❸ 12 × **3** =

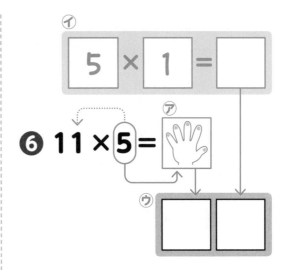

❻ 11 × **5** =

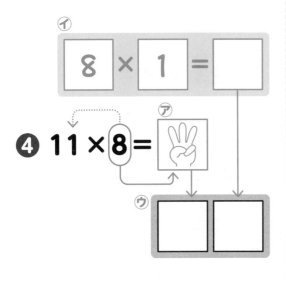

❹ 11 × **8** =

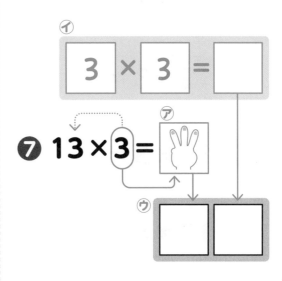

❼ 13 × **3** =

❺ 13 × **1** =

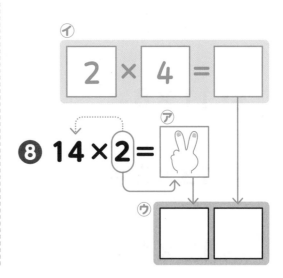

❽ 14 × **2** =

以下の問題を指を使って計算してください。

❶ $11 \times 2 =$

❷ $17 \times 1 =$

❸ $11 \times 6 =$

❹ $12 \times 3 =$

❺ $11 \times 3 =$

❻ $12 \times 4 =$

❼ $14 \times 2 =$

❽ $11 \times 8 =$

❾ $13 \times 2 =$

❿ $12 \times 1 =$

⑪ $14 \times 1 =$

⑫ $13 \times 3 =$

⑬ $11 \times 4 =$

⑭ $11 \times 9 =$

⑮ $11 \times 5 =$

⑯ $15 \times 1 =$

⑰ $12 \times 2 =$

⑱ $19 \times 1 =$

⑲ $13 \times 1 =$

⑳ $11 \times 7 =$

🏠 かけた時にくり上がりがある場合

次に、一の位どうしをかけた時、10を超えるくり上がりがある場合の説明をします。

15x2をやってみます。くり上がりがあります。
前と同じように、かける数の2を指で表して、その指が答えの十の位にあるとイメージします。
そして、かける数の2とかけられる数の一の位5をかけます。

にご10。

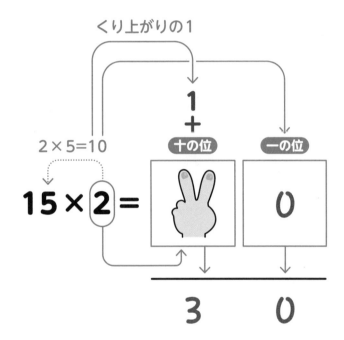

答えの一の位に0だけを書きます。くり上がりの1は「指に1くり上がり」と声を出して足します。すなわち指は2から1くり上がって3になります。
その3を、答えの十の位に書きます。

15x2＝30が答え。学校で習う筆算の時も1くり上がりますよね。同じです。

もう１問、練習します。
12x6はかける数の６を指で
表して、かけられる数の一の
位の2にかけます。

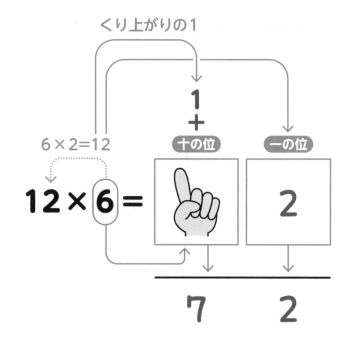

くり上がりの1

6×2=12

$12 \times 6 =$

十の位　一の位

1 +

2

7　2

ろくに12で、答えの一の位に２を書きます。
指は６から１くり上がって７になります。筆算でもするくり上がりです。
その7を答えの十の位に書くだけです。
12x6 = 72。
くり上がりに注意するだけでとてもシンプルです。

この計算で大事なのは指で表す数です。
指はかならず「かける数」を表します。
下の計算を見てください。

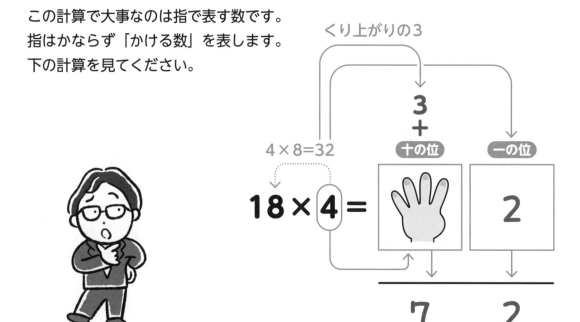

くり上がりの3

4×8=32

$18 \times 4 =$

十の位　一の位

3 +

2

7　2

18 × 4 ＝ 72 ですね。

この時、指でかけられる数の8を表すと、下のようにまちがいます。

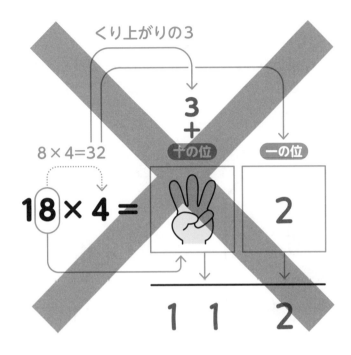

指はかならずかける数を表してください。

では、次のページから、順番に練習していきましょう。

指で表すのは
かならず
かける数にする

次の順番でマスをうめていきます。

1 かける数を指で表し、十の位に指があるとイメージする（㋐）。

2 指で表した数とかけられる数の一の位をかける（㋑）。

3 ㋑の数の1ケタ目を答えの一の位に、㋑の数の2ケタ目と指の数を足して十の位以上に書く（㋒）。

例を参考に㋑㋒をうめていってください。㋐はじっさいに指で表してください。

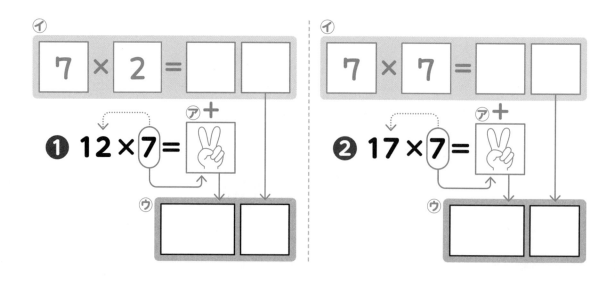

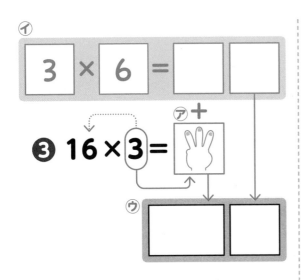

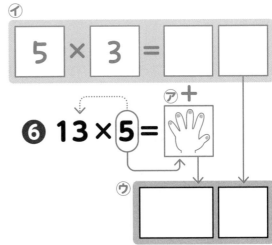

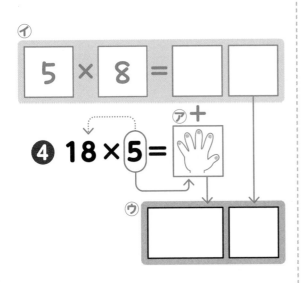

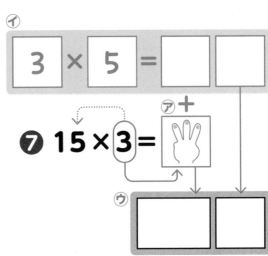

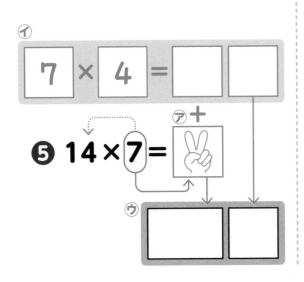

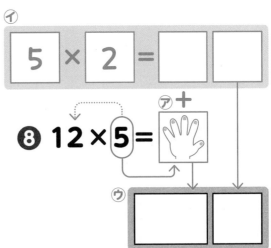

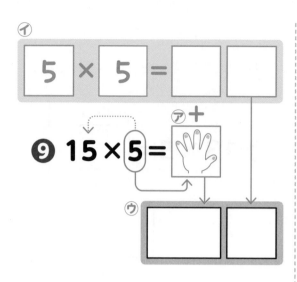

⑨ 15×5=

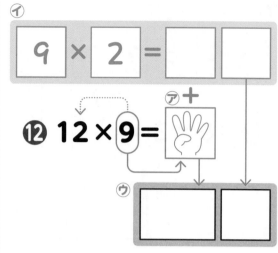

⑫ 12×9=

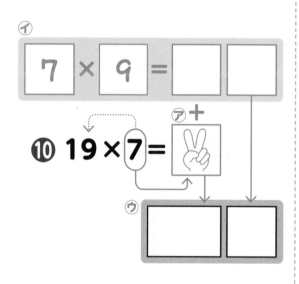

⑩ 19×7=

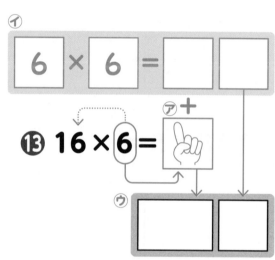

⑬ 16×6=

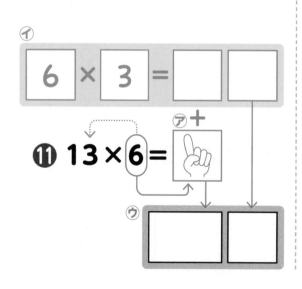

⑪ 13×6=

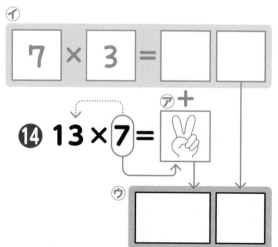

⑭ 13×7=

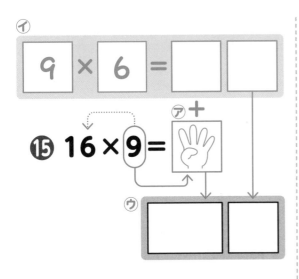

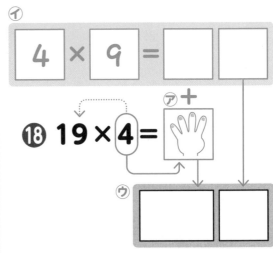

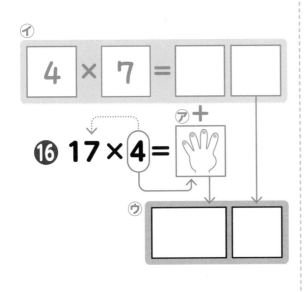

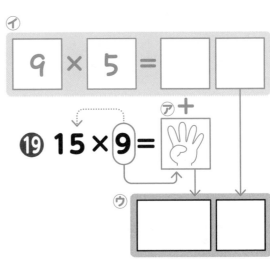

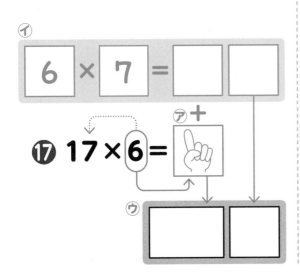

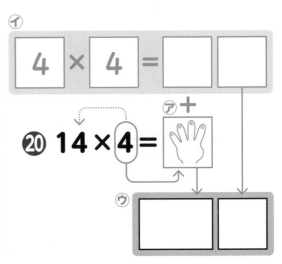

次の順番でマスをうめていきます。

1 かける数を指で表し、十の位に指があるとイメージする（㋐）。
2 「練習問題3」の手順で答えを書いてください（㋑）。

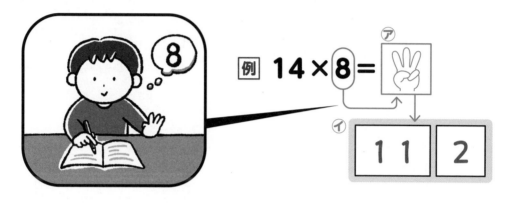

例を参考に㋑をうめていってください。㋐はじっさいに指で表してください。

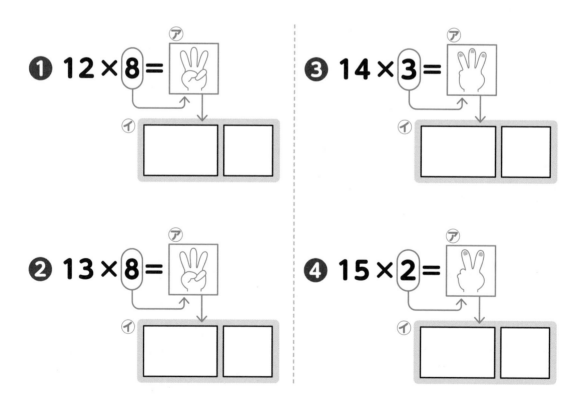

❺ 13 × 6 = [ア] 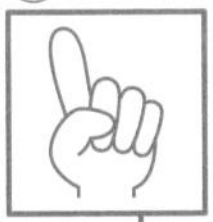

[イ] □□

❻ 15 × 4 = [ア] 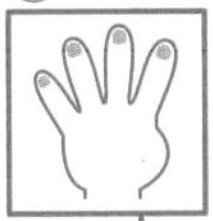

[イ] □□

❼ 18 × 6 = [ア] 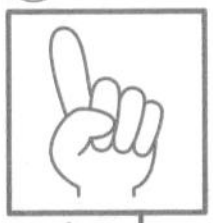

[イ] □□

❽ 15 × 7 = [ア] 

[イ] □□

❾ 16 × 5 = [ア] 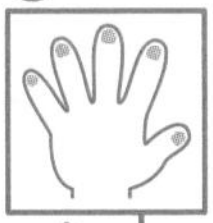

[イ] □□

❿ 16 × 7 = [ア] 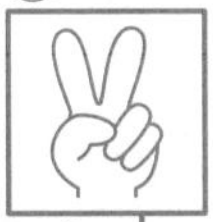

[イ] □□

⓫ 13 × 4 = [ア] 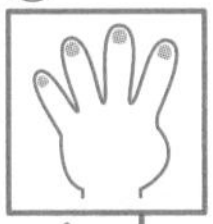

[イ] □□

⓬ 18 × 4 = [ア] 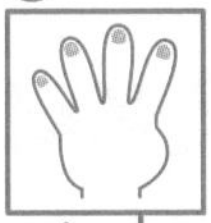

[イ] □□

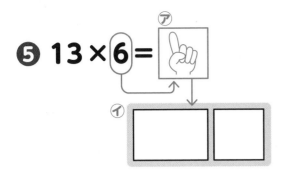

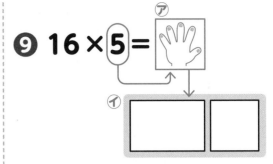

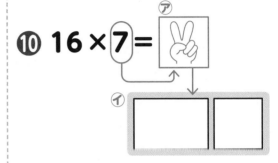

次の順番でマスをうめていきます。

1 かける数を指で表し、十の位に指があるとイメージしてマスに数字を書く（㋐）。
2 「練習問題3」の手順で答えを書いてください（㋑）。

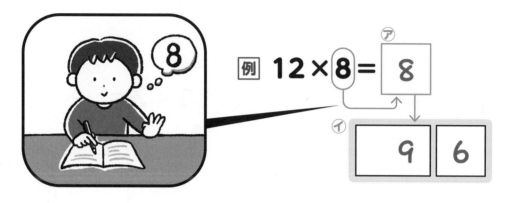

例　12 × 8 ＝ ㋐ 8
㋑ 9 6

例を参考に㋐㋑をうめていってください。㋐はじっさいに指で表してみて、数字
を書いてください。

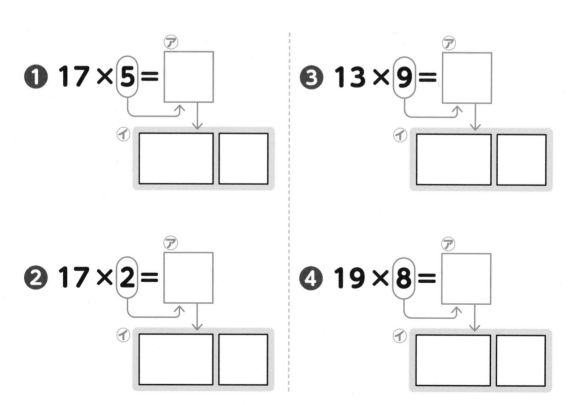

❶ 17 × 5 ＝ ㋐
㋑

❸ 13 × 9 ＝ ㋐
㋑

❷ 17 × 2 ＝ ㋐
㋑

❹ 19 × 8 ＝ ㋐
㋑

❺ 18 × 7 =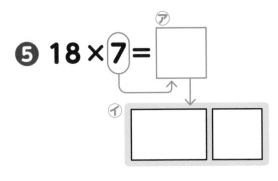

❻ 12 × 6 =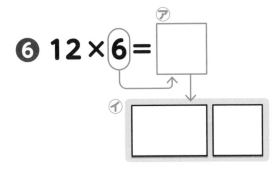

❼ 17 × 9 =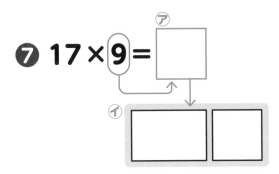

❽ 19 × 9 =

❾ 18 × 8 =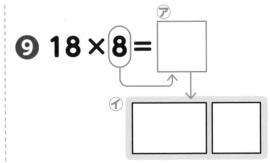

❿ 14 × 6 =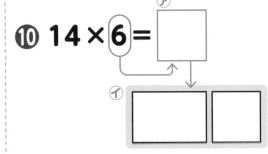

⓫ 18 × 9 =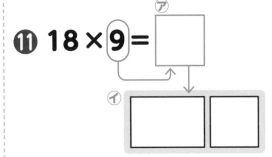

⓬ 18 × 3 =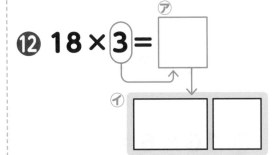

以下の問題を指を使って計算してください。

❶ 17×5＝

❷ 12×5＝

❸ 18×5＝

❹ 15×2＝

❺ 12×6＝

❻ 12×7＝

❼ 14×6＝

❽ 16×7＝

❾ 14×7＝

❿ 16×6＝

⑪ 14×9＝

⑫ 16×8＝

⑬ 13×6＝

⑭ 16×4＝

⑮ 12×8＝

⑯ 16×2＝

⑰ 17×7＝

⑱ 19×7＝

⑲ 18×8＝

⑳ 17×2＝

以下の問題を指を使って計算してください。

❶ $12 \times 9 =$

❷ $17 \times 4 =$

❸ $13 \times 7 =$

❹ $15 \times 5 =$

❺ $14 \times 3 =$

❻ $17 \times 6 =$

❼ $19 \times 5 =$

❽ $13 \times 4 =$

❾ $19 \times 2 =$

❿ $17 \times 9 =$

⓫ $15 \times 4 =$

⓬ $13 \times 8 =$

⓭ $19 \times 4 =$

⓮ $15 \times 7 =$

⓯ $17 \times 8 =$

⓰ $13 \times 5 =$

⓱ $14 \times 5 =$

⓲ $19 \times 8 =$

⓳ $18 \times 3 =$

⓴ $19 \times 9 =$

九去法
自分で答え合わせをする方法

暗算で大切なのは、暗算した答えに自信がもてることです。
自信がもてない暗算法は使えません。
そこで九去法という答え合わせの方法を説明します。

九去法とは、むずかしくいえば、「**ある整数を9で割ったあまりと、その整数の各ケタの数の和を9で割ったあまりとは等しいという原理を利用する検算法**」です。

これではどういうことかわかりにくいと思います。
次の式を見てください。

九去法

1+2 ⟶

❶ 12 ÷ 9 = 1 … 3
（あまり）

2+4 ⟶

❷ 24 ÷ 9 = 2 … 6

1+1+1 ⟶

❸ 111 ÷ 9 = ? … 3

---

❶ 12 ÷ 9で答えは1、あまりは3。
これはすぐにわかると思います。

❷ 24÷9で答えは2、あまりは6。
これもまだ暗算でできるでしょう。

では、❸ 111÷9 はどうでしょう？　数字が大きくなると、すぐに答えが出ませんね。
しかし、答えがわからなくても、
111➡1+1+1=3 ですぐにあまりが出てきます。

さらに大きな数、たとえば「47612」とすると、
4+7+6+1+2=20
この場合2+0で2。これがあまりです。
なぜこうなるのか？　たとえば❷の「24」を見てみましょう。

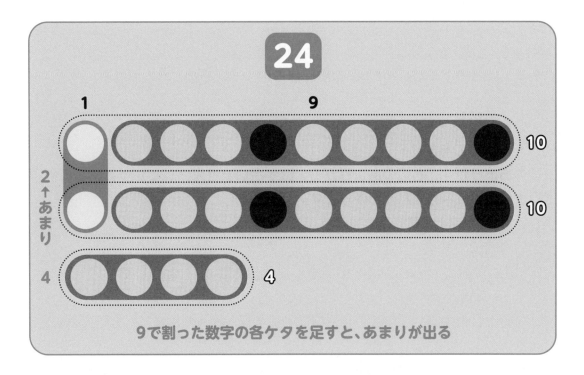

9で割った数字の各ケタを足すと、あまりが出る

24という数は、図のように10と10と4でできています。
9で割る、ということは10から9を取りのぞくことと同じなので、10ごとにあまりが1である、ということです（図の赤丸）。したがって、2ケタ目の数ごとに1あまるということ、すなわち、**2ケタ目の数と1ケタ目の数を足した数が、9で割った時のあまりになる**というわけです。

これが検算でどんなふうに役立つのでしょうか？
次の式で見ていきましょう。

$$386+248=635$$

この計算が正しいかどうか、すぐにわかりますか？
九去法を使えばすぐにわかります（ちなみに、上の計算式はまちがっていて、正しい答えは634です）。

先の説明の「ある整数を9で割ったあまり」を左辺で見てみましょう。
386÷9＝42であまり8
248÷9＝27であまり5
この2つのあまりを足すと13なので、さらに9で割ると、あまりは4。

右辺の635を見てみましょう。
635÷9＝70であまり5
左辺のあまりが4、右辺のあまりが5。数が合いません。したがって、この計算式はまちがっていることがわかります。
正しい答えの634を見てみましょう。
634÷9＝70であまり4
左辺の2つの数（386と248）のあまりを足した数「4」と同じです。

次に先の出した説明の「整数の各位の数の和を9で割ったあまり」を見てみます。
これは次のように計算します。
386 ➡ 3+8+6 ＝ 17 ➡ 1+7＝8
9で割れないのであまり8。
248 ➡ 2+4+8 ＝ 14 ➡ 1+4＝5
9で割れないのであまり5。

答え合わせがかんたんにできる！

これは先の
386÷9=42であまり8
248÷9=27であまり5
と同じです。

これが、

「**ある整数を9で割ったあまりと、その整数の各ケタの数の和を9で割ったあまりとは等しいという原理を利用する検算法**」のことです。

この九去法をおぼえておけば、大きな数の計算をして、それがまちがっているかどうかがすぐわかるようになるのです。

これを2ケタどうしのかけ算で見てみましょう。

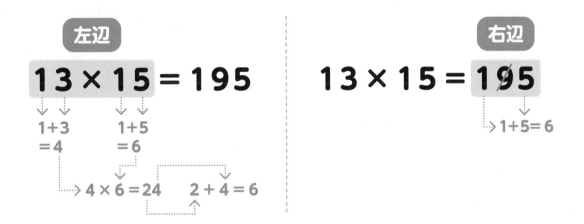

まずは左辺から。13の1と3を足して4。15の1と5を足して6。この4と6をかけて24。9で割って出たあまりどうしをかけて出た答えも、9で割ったあまりになります。2と4を足して6。左辺は6です。

続いて右辺。195のうち9は消します。9の倍数はかならずあまりが0になるので、足さなくていいのです。

のこりの1と5を足して6。左辺の数と同じになったので、この13×15=195は合っています。

九去法でまちがっていないことがわかれば、だいたい答えは合っています。

→ 答えは165ページ

練習問題 1

九去法の練習です。次の順番でウ～オのマスに数を書きこんでいってください。

1 左辺のかけられる数の十の位と一の位の数を足す（ア）。

2 1で出た数（ア）と左辺のかける数（イ）をかける。

3 2の数が2ケタの数（ウエ）であれば、あたらめて十の位と一の位を足す（オ）。

4 右辺の各ケタの数を足す（カ）。

5 3の数（オ）と4の数（カ）が同じか確かめる。

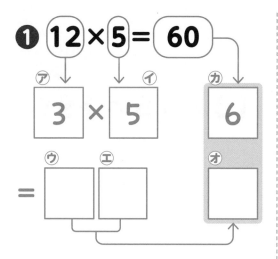

❶ 12×5＝60

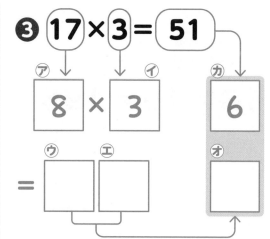

❸ 17×3＝51

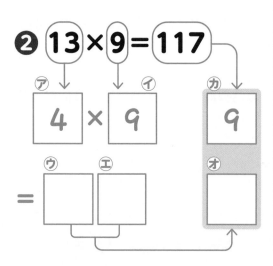

❷ 13×9＝117

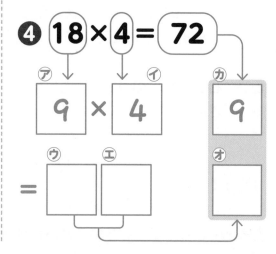

❹ 18×4＝72

❺ $13 \times 4 = 52$

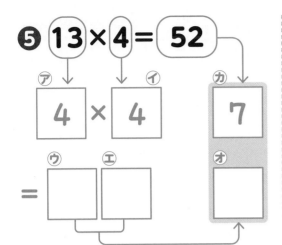

ⓐ 4 × ④ 4　ⓚ 7

= ⓦ ☐ ⓔ ☐　ⓞ ☐

❽ $16 \times 9 = 144$

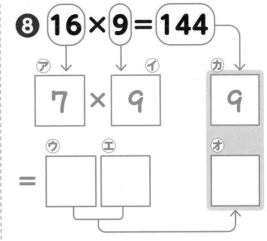

ⓐ 7 × ④ 9　ⓚ 9

= ⓦ ☐ ⓔ ☐　ⓞ ☐

❻ $14 \times 8 = 112$

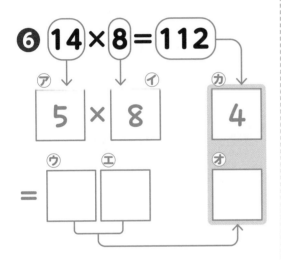

ⓐ 5 × ④ 8　ⓚ 4

= ⓦ ☐ ⓔ ☐　ⓞ ☐

❾ $18 \times 6 = 108$

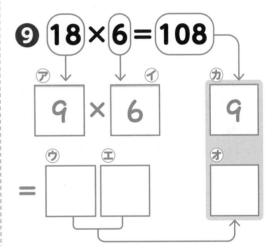

ⓐ 9 × ④ 6　ⓚ 9

= ⓦ ☐ ⓔ ☐　ⓞ ☐

❼ $15 \times 7 = 105$

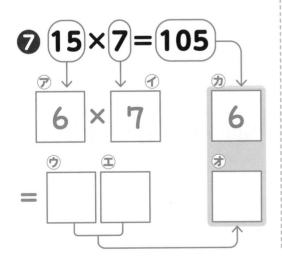

ⓐ 6 × ④ 7　ⓚ 6

= ⓦ ☐ ⓔ ☐　ⓞ ☐

❿ $18 \times 9 = 162$

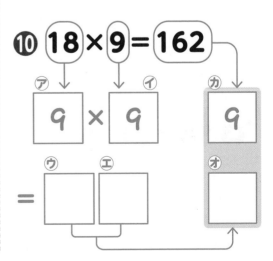

ⓐ 9 × ④ 9　ⓚ 9

= ⓦ ☐ ⓔ ☐　ⓞ ☐

次の答えを九去法で検算してください。答えがまちがっている場合は、正しい答えを計算してください。

❶ $18 \times 7 = 128$

❷ $14 \times 4 = 56$

❸ $18 \times 5 = 90$

❹ $13 \times 4 = 51$

❺ $18 \times 2 = 36$

❻ $19 \times 7 = 133$

❼ $11 \times 9 = 98$

❽ $15 \times 6 = 90$

❾ $16 \times 6 = 96$

❿ $16 \times 8 = 129$

次の答えを九去法で検算してください。答えがまちがっている場合は、正しい答えを計算してください。

❶ $13 \times 7 = 91$

❷ $11 \times 3 = 32$

❸ $12 \times 9 = 108$

❹ $19 \times 3 = 57$

❺ $14 \times 2 = 28$

❻ $17 \times 6 = 102$

❼ $14 \times 8 = 112$

❽ $16 \times 4 = 64$

❾ $13 \times 8 = 103$

❿ $19 \times 8 = 152$

次の答えを九去法で検算してください。答えがまちがっている場合は、正しい答えを計算してください。

❶ $13 \times 2 = 26$

❷ $11 \times 2 = 21$

❸ $15 \times 2 = 30$

❹ $15 \times 9 = 135$

❺ $13 \times 8 = 104$

❻ $11 \times 7 = 78$

❼ $13 \times 6 = 78$

❽ $15 \times 3 = 45$

❾ $18 \times 2 = 37$

❿ $18 \times 7 = 126$

次の答えを九去法で検算してください。答えがまちがっている場合は、正しい答えを計算してください。

❶ 11 × 4＝44

❷ 18 × 5＝90

❸ 14 × 7＝98

❹ 11 × 8＝88

❺ 16 × 3＝48

❻ 17 × 7＝118

❼ 17 × 9＝152

❽ 13 × 3＝39

❾ 12 × 9＝108

❿ 16 × 6＝197

次の答えを九去法で検算してください。答えがまちがっている場合は、電卓で計算してください。

❶ 14 × 32 = 449

❷ 17 × 30 = 510

❸ 15 × 22 = 330

❹ 19 × 61 = 1259

❺ 14 × 61 = 854

❻ 15 × 84 = 1260

❼ 12 × 84 = 1018

❽ 18 × 23 = 414

❾ 19 × 45 = 865

❿ 16 × 53 = 848

次の答えを九去法で検算してください。答えがまちがっている場合は、電卓で計算してください。

❶ 14 × 89 = 1246

❷ 18 × 85 = 1531

❸ 11 × 74 = 824

❹ 17 × 75 = 1275

❺ 13 × 83 = 1179

❻ 18 × 83 = 1494

❼ 19 × 88 = 1672

❽ 16 × 86 = 1386

❾ 16 × 78 = 1247

❿ 14 × 80 = 1120

19×19の計算

指で表す数をかけられる数に足す

🏠 かけた時にくり上がりがない場合

19x1ケタがしっかり練習できたら、次は19x19の2ケタ暗算です。
19x19の暗算もとてもかんたんです。

12×13を計算してみましょう。
まずは、かける数の一の位を指で表します。ここでは3です。
指が答えの十の位にあることをイメージします。

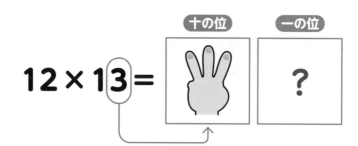

3をかけられる数の一の位にかけます。
さんにが6。答えの一の位に6だけ書きます。

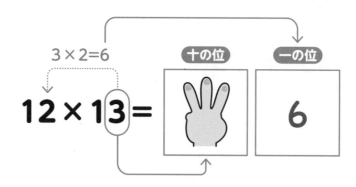

次にかけられる数の 12 を答えの十の位以上にもってきます。これに指の 3 を足して書くだけです。

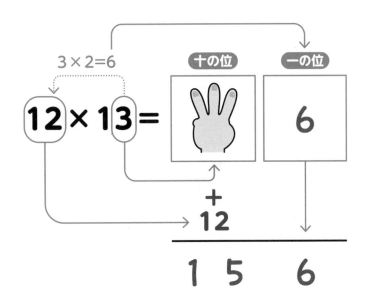

すなわち 12 ＋指の 3 で 15。12x13 ＝ 156 となります。
答えが合っているか、九去法(きゅうきょほう)で検算(けんざん)してください。

かけられる数と
指の数を
足してね！

もう1つ、14×12を計算してみましょう。

かける数の一の位の2を指で表し、十の位にあることをイメージします。

2をかけられる数の一の位にかけて、にしが8。答えの一の位に8だけ書きます。

かけられる数の14に指の2を足します。

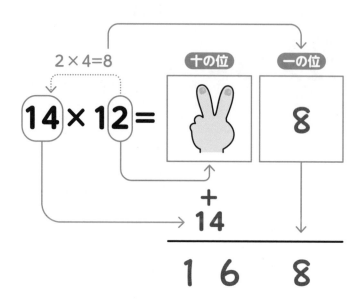

14＋指の2で16。14x12 ＝ 168となります。

👆ここがポイント

19x19では指で表す数をかけられる数に足す。

練習問題 [1]

➔ 答えは166ページ

次の順番でマスをうめていきます。

[1] かける数の一の位を指で表し、答えの十の位に指があるとイメージする（㋐）。
[2] 指で表した数とかけられる数の一の位をかける（㋑）。
[3] ㋑の数を答えの一の位に書く（㋒）。
[4] かけられる数を㋐の下に書く（㋓）。
[5] ㋐と㋓を足した数を答えの十の位以上に書く（㋔）。

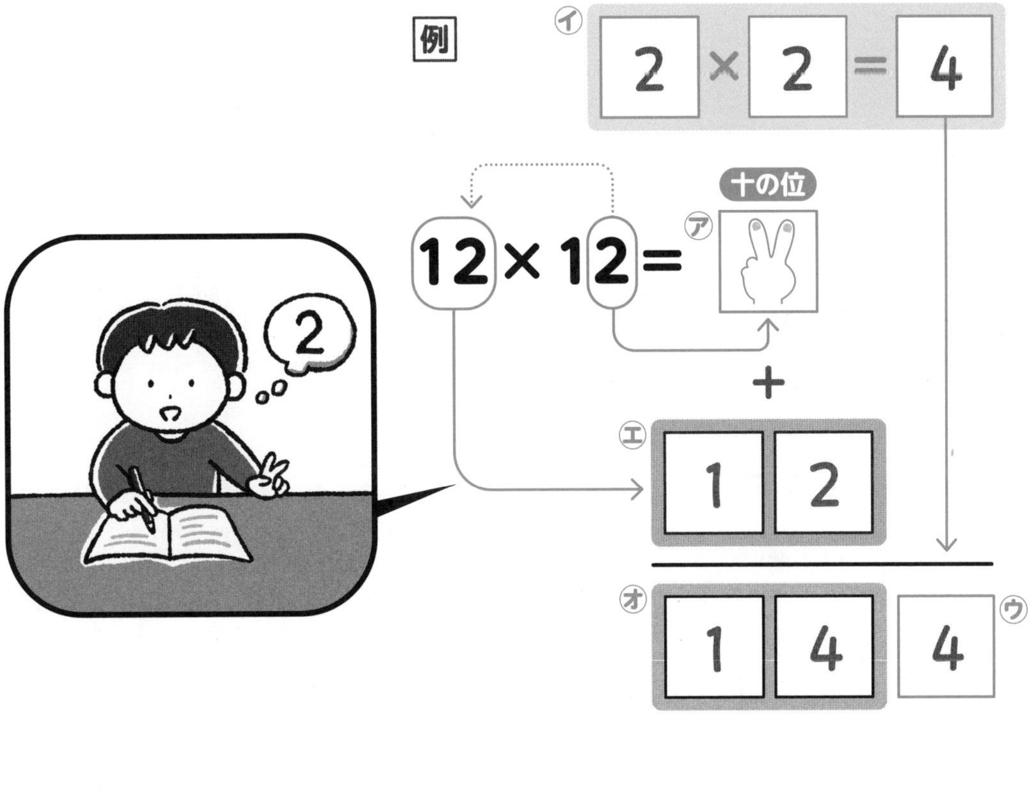

例を参考に㋑～㋔をうめていってください。㋐はじっさいに指で表してください。

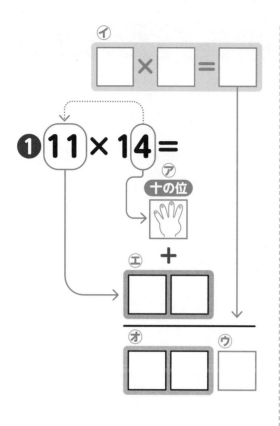

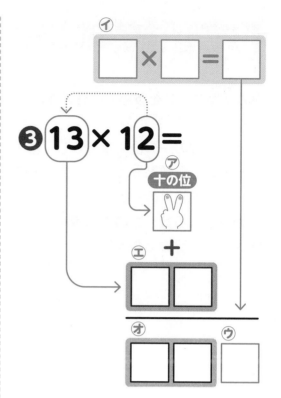

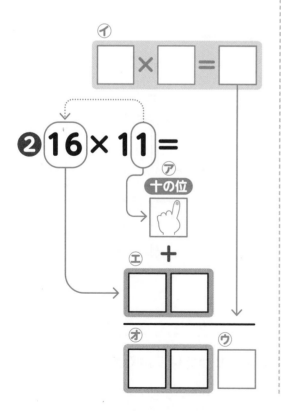

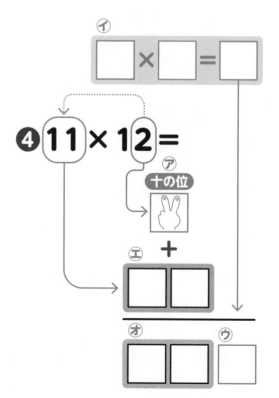

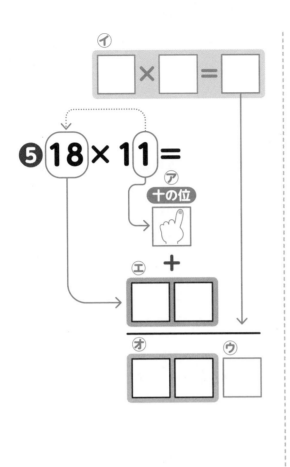

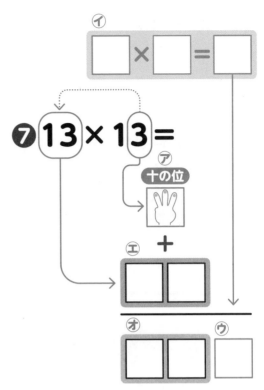

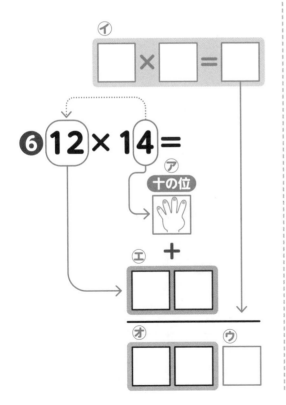

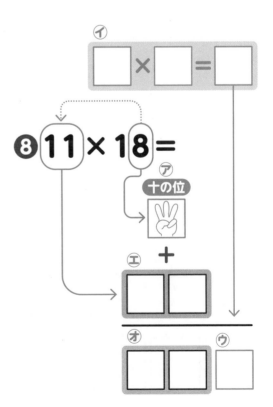

次の順番でマスをうめていきます。

1 かける数の一の位を指で表し、答えの十の位に指があるとイメージしてマスに数字を書く（ア）。

2 指で表した数とかけられる数の一の位をかけて、答えの一の位に書く（イ）。

3 かけられる数と指の数を足して、答えの十の位以上に書く（ウ）。

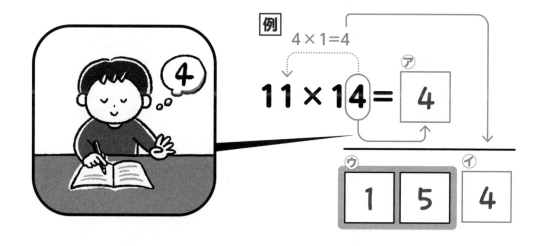

例を参考にア～ウをうめていってください。アはじっさいに指で表してみて、数字を書いてください。

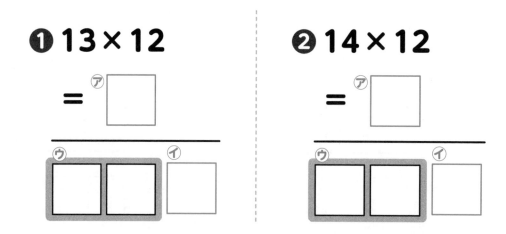

❸ 13 × 11

=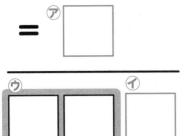

❻ 11 × 17

=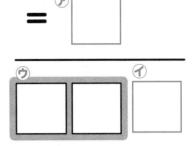

❹ 19 × 11

= ㋐ ⬚

㋒ ⬚⬚ ㋑ ⬚

❼ 11 × 16

=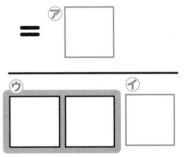

❺ 16 × 11

= ㋐ ⬚

㋒ ⬚⬚ ㋑ ⬚

❽ 11 × 19

=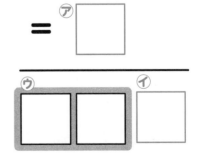

➡ 答えは166ページ

以下の問題を指を使って計算してください。

❶ $12 \times 12 =$

❷ $16 \times 11 =$

❸ $11 \times 15 =$

❹ $14 \times 12 =$

❺ $13 \times 12 =$

❻ $17 \times 11 =$

❼ $11 \times 17 =$

❽ $15 \times 11 =$

❾ $13 \times 13 =$

❿ $18 \times 11 =$

⓫ $11 \times 12 =$

⓬ $11 \times 14 =$

⓭ $12 \times 14 =$

⓮ $13 \times 11 =$

⓯ $14 \times 11 =$

⓰ $19 \times 11 =$

⓱ $11 \times 11 =$

⓲ $12 \times 13 =$

⓳ $12 \times 11 =$

⓴ $11 \times 19 =$

⌂ かけた時にくり上がりがある場合

次にくり上がりがある場合です。12×15を計算してみましょう。

まずは、かける数の一の位5を指で表し、かけられる数の一の位にかけます。
ごに10。答えの一の位に0だけ書きます。ここまではくり上がりがない場合と
同じです。

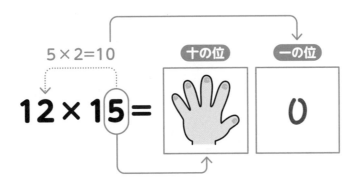

ごに10の十の位は、指の数に足します。ここでは5に1を足して6になります。
ここで指を6にしてもいいです。

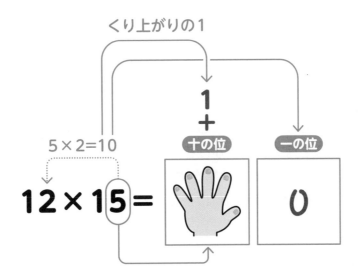

後はくり上がりがない場合と同じです。

かけられる数の12を答えの十の位以上にもってきます。これに6を足します。

すなわち12＋6で18。12x15＝180となります。

ここでも、答えを九去法で検算しましょう。

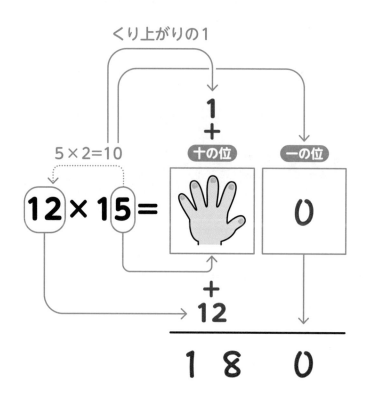

もう1つ、12×18を計算してみましょう。

かける数の一の位8を指で表し、かけられる数の一の位にかけます。

はちに16。答えの一の位に6だけ書きます。

かけられる数の12を答えの十の位以上にもってきて、指の数とくり上がった1を足します。

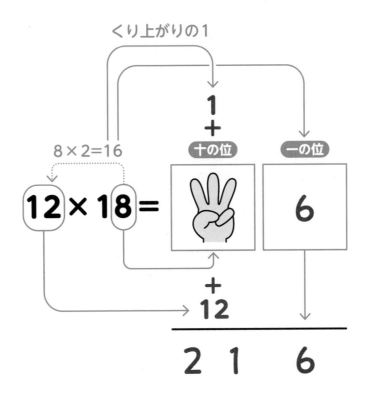

くり上がりの1

8×2=16

十の位　　一の位

12×18＝

1
+

6

+
12

2　1　6

12＋指の8+1で21。12x18 ＝ 216となります。

答えが出たら
九去法で検算！

次の順番でマスをうめていきます。

1️⃣ かける数の一の位を指で表し、答えの十の位に指があるとイメージする（ア）。
2️⃣ 指で表した数とかけられる数の一の位をかける（イ）。
3️⃣ イの一の位の数を答えの一の位に書く（ウ）。
4️⃣ かけられる数を指の下に書く（エ）。
5️⃣ イの十の位の数とアとエを足した数を答えの十の位以上に書く（オ）。

例を参考にイ～オをうめていってください。アはじっさいに指で表してください。

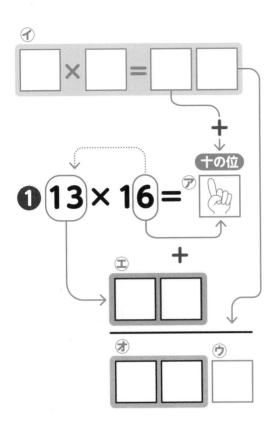

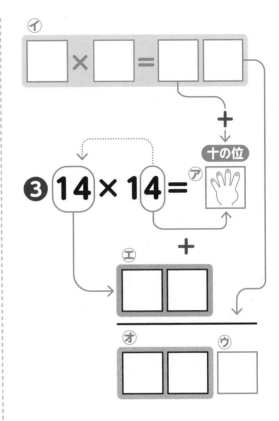

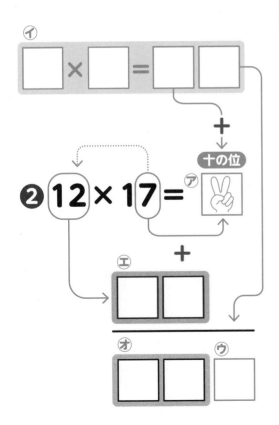

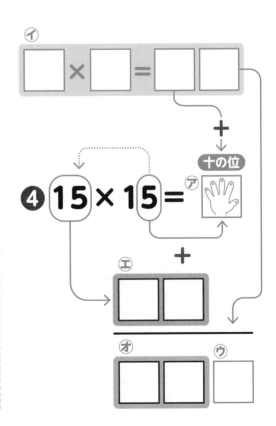

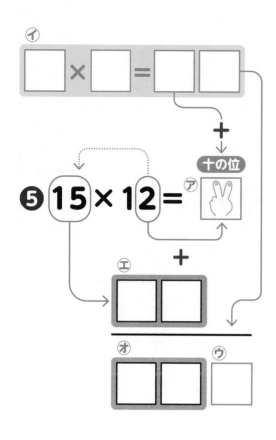

❺ 15 × 12 =

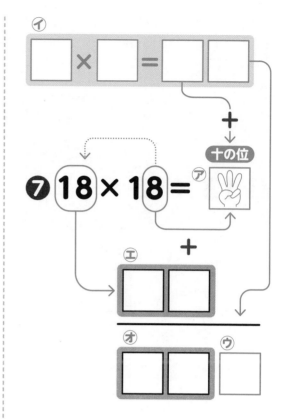

❼ 18 × 18 =

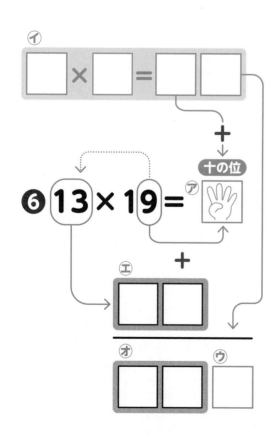

❻ 13 × 19 =

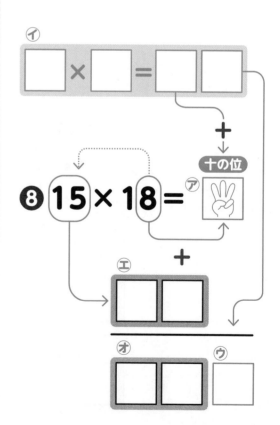

❽ 15 × 18 =

58

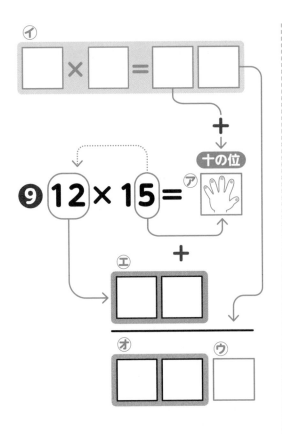

⑨ 12 × 15 =

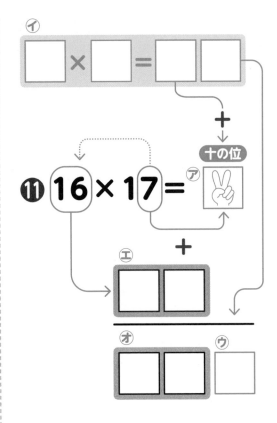

⑪ 16 × 17 =

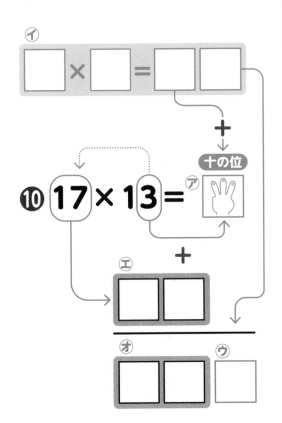

⑩ 17 × 13 =

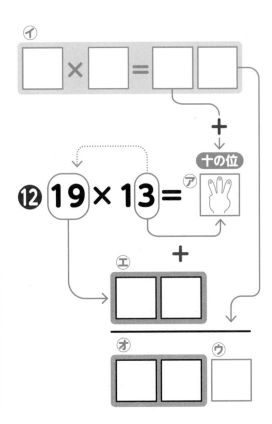

⑫ 19 × 13 =

次の順番でマスをうめていきます。

1. かける数の一の位を指で表し、答えの十の位に指があるとイメージする（ア）。
2. 指で表した数とかけられる数の一の位をかけて、答えの一の位に書く（イ）。
3. かけられる数と指の数とくり上がった数を足して、答えの十の位以上に書く（ウ）。

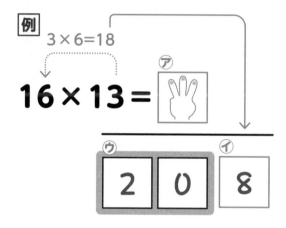

例
$3 \times 6 = 18$

$16 \times 13 =$

例を参考に イ ウ をうめていってください。ア はじっさいに指で表してください。

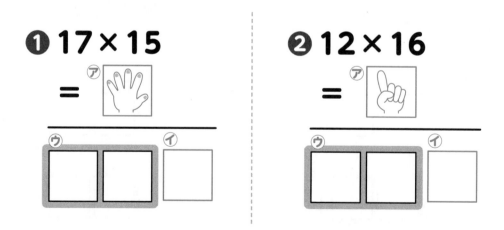

❶ 17×15

❷ 12×16

❸ 18 × 16

=

❹ 18 × 13

=

❺ 12 × 19

=

❻ 14 × 16

=

❼ 16 × 15

=

❽ 17 × 18

=

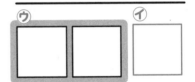

❾ 13 × 15

=

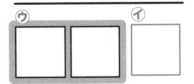

❿ 14 × 15

=

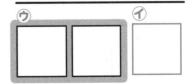

⑪ 16 × 13

=

⑫ 15 × 14

=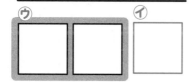

⑬ 16 × 12

=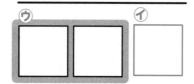

⑭ 19 × 15

=

⑮ 17 × 19

=

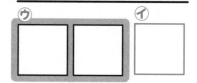

⑯ 17 × 14

=

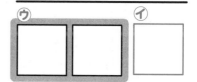

⑰ 15 × 16

=

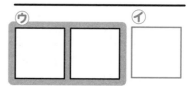

⑱ 18 × 17

=

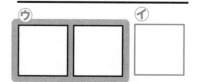

⑲ 17 × 17

=

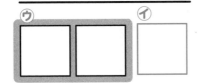

⑳ 14 × 17

=

㉑ 19 × 14

=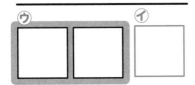

㉒ 16 × 19

=

㉓ 18 × 19

=

㉔ 17 × 16

=

㉕ 13 × 18

=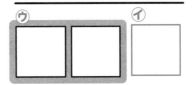

㉖ 16 × 18

=

次の順番でマスをうめていきます。

1. かける数の一の位を指で表し、答えの十の位に指があるとイメージしてマスに数字を書く（ア）。
2. 指で表した数とかけられる数の一の位をかけて、答えの一の位に書く（イ）。
3. かけられる数と指の数とくり上がった数を足して、答えの十の位以上に書く（ウ）。

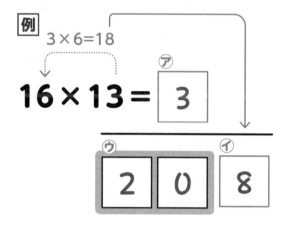

例を参考にア～ウをうめていってください。アはじっさいに指で表してみて、数字を書いてください。

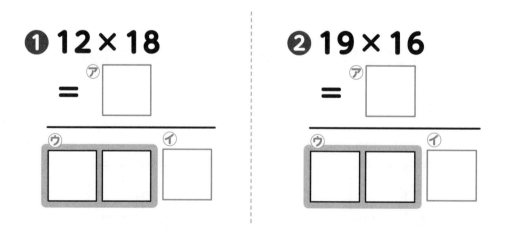

❸ 14 × 13

=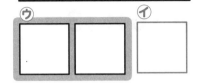

❹ 13 × 14

=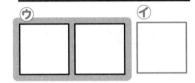

❺ 15 × 19

=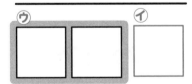

❻ 15 × 13

=

❼ 16 × 14

=

❽ 18 × 12

=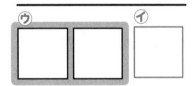

❾ 19 × 17

=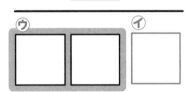

❿ 18 × 15

=

→答えは167ページ

以下の問題を指を使って計算してください。

❶ 13 × 14 =

❷ 19 × 15 =

❸ 19 × 18 =

❹ 16 × 14 =

❺ 12 × 18 =

❻ 13 × 18 =

❼ 19 × 16 =

❽ 18 × 17 =

❾ 16 × 16 =

❿ 17 × 12 =

⓫ 16 × 13 =

⓬ 15 × 17 =

⓭ 14 × 18 =

⓮ 15 × 13 =

⓯ 14 × 17 =

⓰ 17 × 18 =

⓱ 17 × 17 =

⓲ 15 × 19 =

⓳ 14 × 13 =

⓴ 16 × 19 =

→ 答えは167ページ

以下の問題を指を使って計算してください。

❶ $16 \times 12 =$

❷ $17 \times 19 =$

❸ $18 \times 12 =$

❹ $14 \times 12 =$

❺ $16 \times 18 =$

❻ $17 \times 16 =$

❼ $15 \times 14 =$

❽ $18 \times 15 =$

❾ $19 \times 14 =$

❿ $19 \times 12 =$

⓫ $16 \times 11 =$

⓬ $14 \times 19 =$

⓭ $18 \times 14 =$

⓮ $15 \times 16 =$

⓯ $11 \times 18 =$

⓰ $17 \times 14 =$

⓱ $19 \times 19 =$

⓲ $12 \times 14 =$

⓳ $19 \times 17 =$

⓴ $13 \times 17 =$

練習問題 9

➔答えは168ページ

以下の問題を指を使って計算してください。

❶ 15×15=

❷ 18×15=

❸ 11×14=

❹ 15×17=

❺ 12×18=

❻ 13×12=

❼ 14×16=

❽ 17×16=

❾ 18×13=

❿ 17×18=

⓫ 16×13=

⓬ 16×17=

⓭ 14×19=

⓮ 15×11=

⓯ 13×16=

⓰ 17×15=

⓱ 11×18=

⓲ 19×17=

⓳ 16×19=

⓴ 17×12=

以下の問題を指を使って計算してください。

❶ 14 × 14 =

❷ 18 × 19 =

❸ 15 × 16 =

❹ 17 × 13 =

❺ 18 × 12 =

❻ 17 × 14 =

❼ 18 × 18 =

❽ 12 × 11 =

❾ 14 × 13 =

❿ 12 × 15 =

⑪ 13 × 13 =

⑫ 18 × 14 =

⑬ 19 × 16 =

⑭ 15 × 13 =

⑮ 19 × 11 =

⑯ 19 × 14 =

⑰ 13 × 19 =

⑱ 16 × 15 =

⑲ 19 × 13 =

⑳ 19 × 19 =

ここまでの計算方法をおさらいしてみましょう。3つの問題を計算していきます。
まずは19×1ケタ。

$$13 \times 2 =$$

指でかける数の2を表して、その指が答えの十の位にあるとイメージします。

$$13 \times \boxed{2} =$$

十の位　　　一の位

指があることを
イメージする

そして、かける数の2をかけられる数の一の位の3にかけ、答えの一の位に6を書きます。

$2 \times 3 = 6$

$$13 \times \boxed{2} =$$

十の位　　　一の位

6

くり上がりがないので、指の数がそのまま答えの十の位になります。

$2 \times 3 = 6$

$$13 \times \boxed{2} =$$

十の位　　　一の位

2　　6

次にくり上がりのある場合を見てみましょう。

$$13 \times 8 =$$

かける数の8が答えの十
の位です。

十の位　　一の位

$$13 \times \boxed{8} =$$

はっさん 24。4 を答え
の一の位に書きます。

$8 \times 3 = 24$

十の位　　一の位

$$13 \times \boxed{8} = \qquad 4$$

2くり上がったので、「指に2くり上がり」と声を出して足します。その10を、答えの十の位に書きます。104が答えです。

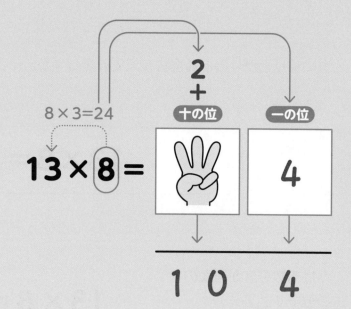

$8 \times 3 = 24$

$13 \times 8 =$

十の位	一の位
	4

$2 +$

1 0 4

👆 ここがポイント

19×1ケタの暗算では、十の位に指があるとイメージする。

🚩 おさらい2

次に19×19の2ケタ暗算。

$$13 \times 12 =$$

かける数の2が答えの十の位にあることをイメージします。

$13 \times 12 =$

十の位	一の位

にさんが6の6を答えの
一の位に書きます。

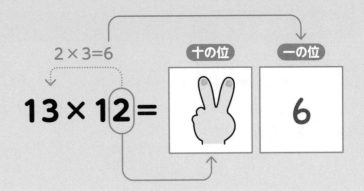

$2 \times 3 = 6$

十の位	一の位

$13 \times 12 =$

くり上がりはないので、
2と13を足して15。こ
の15を答えの十の位以
上にもってきます。答え
は156です。

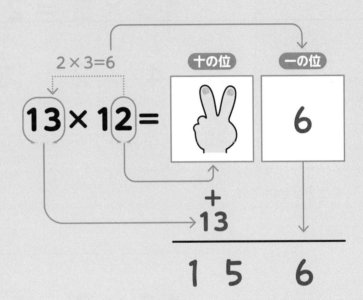

$2 \times 3 = 6$

十の位	一の位

$13 \times 12 =$

+
13

1　5　6

👆ここがポイント

19×19では指で表す数をかけられる数に足す。

九去法のおさらいです。

13×2＝26を検算します。

かけられる数の13の1と3を足して4。かける数の2はそのままで2。

答えの2と6を足して8。

$$13 \times 2 = 26$$
$$4 \qquad 2 \qquad 8$$

4と2をかけて8。

$$13 \times 2 = 26$$
$$4 \times 2 \qquad 8$$
$$8$$

同じ！

左辺と右辺のどちらも8なので、この計算は合っています。

次に13×12=156。

かけられる数13の1と3を足して4。かける数12の1と2を足して3。

答えの1と5と6を足して12。

$$13 \times 12 = 156$$
$$\downarrow \qquad \downarrow \qquad \downarrow$$
$$4 \qquad 3 \qquad 12$$

4と3をかけて12。

$$13 \times 12 = 156$$
$$\downarrow \qquad \downarrow \qquad \downarrow$$
$$4 \times 3 \qquad 12$$
$$\downarrow$$
$$12 \qquad 同じ！$$

この時点で左辺と右辺が同じなので、合っているのですが、いちおう1と2を足して3です。

19×99の計算
ポイントは「はみ出す数」

🏠 かけた時にくり上がりがない場合

ここからは数が大きくなりますが、考え方がわかればかんたんです。

ちなみに、19×99までの計算ができるようになれば、かける数が3ケタ以上になっても、暗算できるようになります。ここがキモですので、がんばってください！

19×2ケタ以上の計算でポイントになるのは、ケタ合わせです。

12×31を見ていきましょう！

まずは、かける数を1ケタずつに分けます。

そして、はじめに12×1を、次に12×3を計算します。

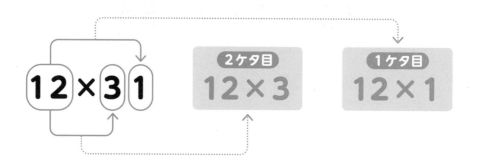

この時、かならず1ケタ目から計算していきます。この順番で計算しないと、正しい答えが出ないので注意してください。

はじめに計算するのは、12×1。

19×1ケタの計算法を使って計算してください。答えは12ですね。

次に計算するのはかける数の2ケタ目、12×3です。
答えは36。それぞれの答えを横にならべて書きます。

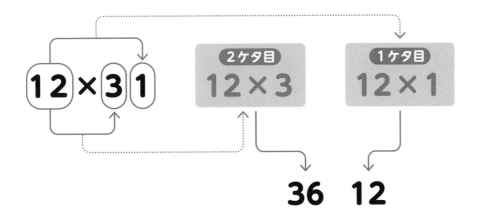

ここで1ケタ目の計算ではみ出す数を丸でかこみます。この場合、12の1の位の1です。
このはみ出す数を、36に足します。37になりますね。

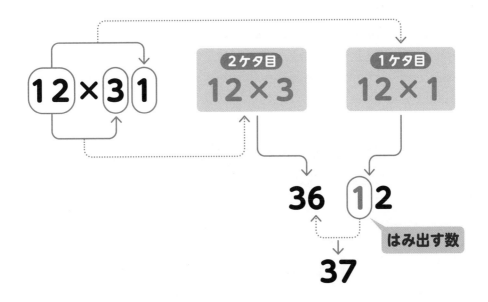

この最後にのこった数が答えになります。
すなわち 12 × 31 = 372 というわけです。

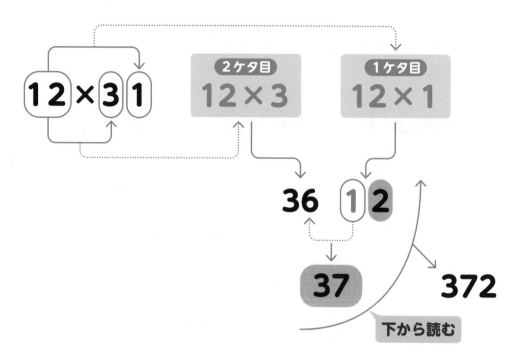

🔺 はみ出す数の考え方

2ケタどうし以上の暗算で重要なのはケタ合わせです。
この時ポイントになるのが、「はみ出す数」です。
12 × 31 の計算では、12 × 1 と 12 × 3 に分けて計算しましたね。
12 × 1 の場合、答え 12 の一の位を超える数は、はみ出しています。
12 × 3 を計算した答えは 36 で、はみ出す数は 3 です。

少し大きな数を見てみましょう。16 × 9 を計算してみてください。
答えは 144。この時のはみ出す数は、14 です。

$$16 × 9 = \boxed{14}4$$

はみ出す数

次に12×14を計算してみましょう。

答えは168ですね。

では、この時のはみ出す数は1です。16ではありません。

$$12 \times 14 = \boxed{1}68$$

かける数が2ケタ　　　はみ出す数

かける数のケタ数がちがうからです。

12×14はかける数が2ケタになっています。

このように、かける数のケタ数により、はみ出す数がちがってきます。

👆ここがポイント

「はみ出す数」は、かける数のケタを超えたケタの数。

はみ出す数を
しっかり
見きわめて！

練習問題 **1**　　　　　　　　　　　　　　　　➡ 答えは168ページ

次の順番でマスをうめていきます。

1 かける数の1ケタ目とかけられる数の計算式を書く（㋐）。
2 ㋐の答えを書く（㋑）。
3 かける数の2ケタ目とかけられる数の計算式を書く（㋒）。
4 ㋒の答えを書く（㋓）。
5 ㋑のはみ出す数（ここでは4）と㋓を足す（㋔）。
6 のこった数を書く（㋕）。これが答え。

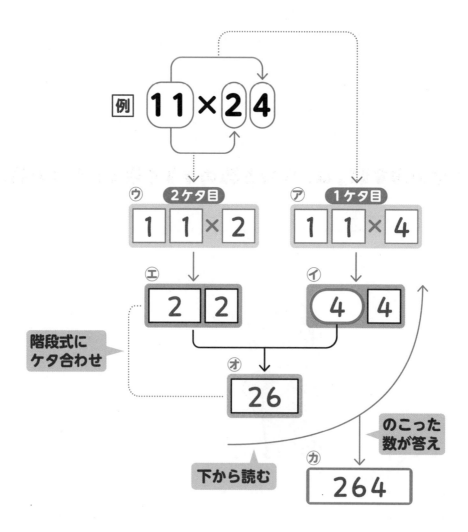

例を参考に[ア]～[カ]をうめていってください。

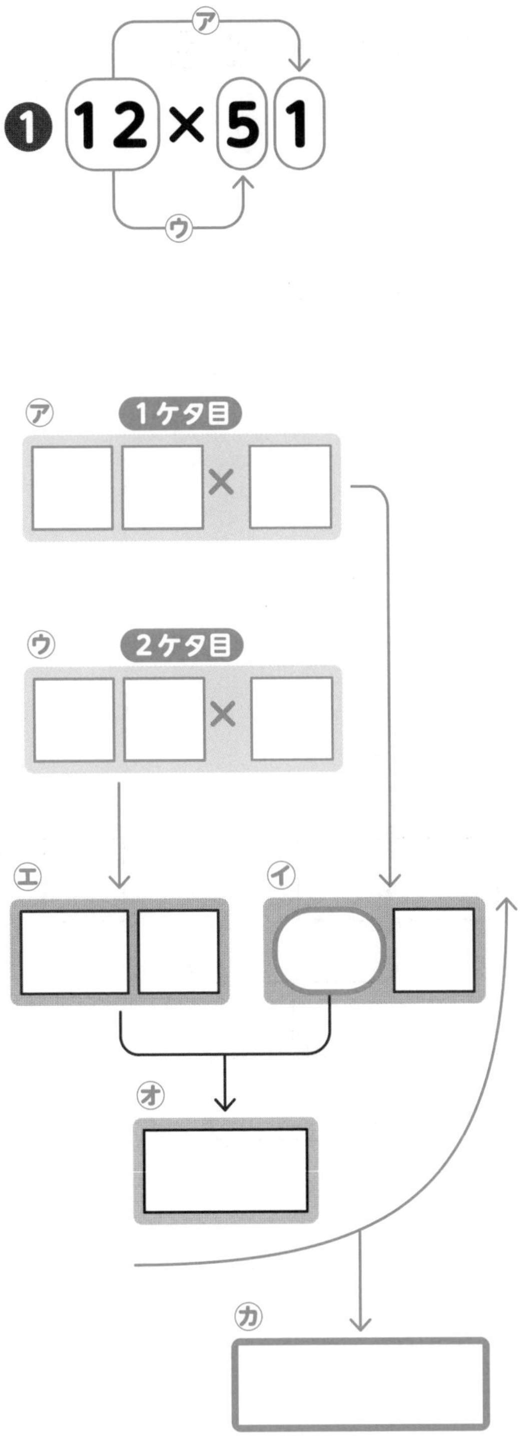

❶ 12×51
[ア]
[ウ]
[ア] 1ケタ目
×
[ウ] 2ケタ目
×
[エ]
[イ]
[オ]
[カ]

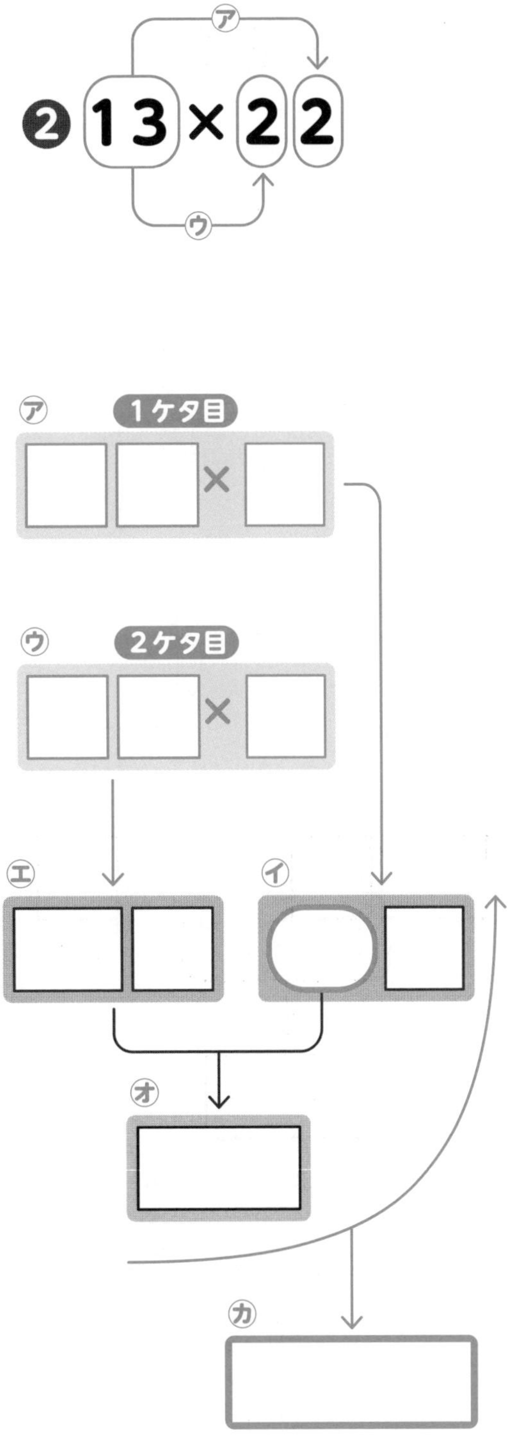

❷ 13×22
[ア]
[ウ]
[ア] 1ケタ目
×
[ウ] 2ケタ目
×
[エ]
[イ]
[オ]
[カ]

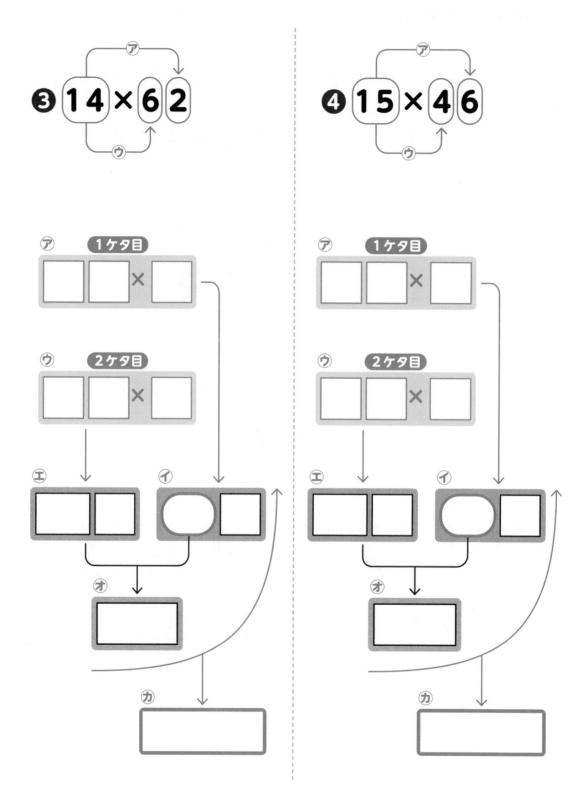

❸ 14 × 62

㋐
㋒

㋐ **1ケタ目**
☐☐ × ☐

㋒ **2ケタ目**
☐☐ × ☐

㋑ ☐☐
㋑ ◯☐
㋔ ☐☐
㋕ ☐
㋖ ☐

❹ 15 × 46

㋐
㋒

㋐ **1ケタ目**
☐☐ × ☐

㋒ **2ケタ目**
☐☐ × ☐

㋔ ☐☐
㋑ ◯☐
㋕ ☐
㋖ ☐

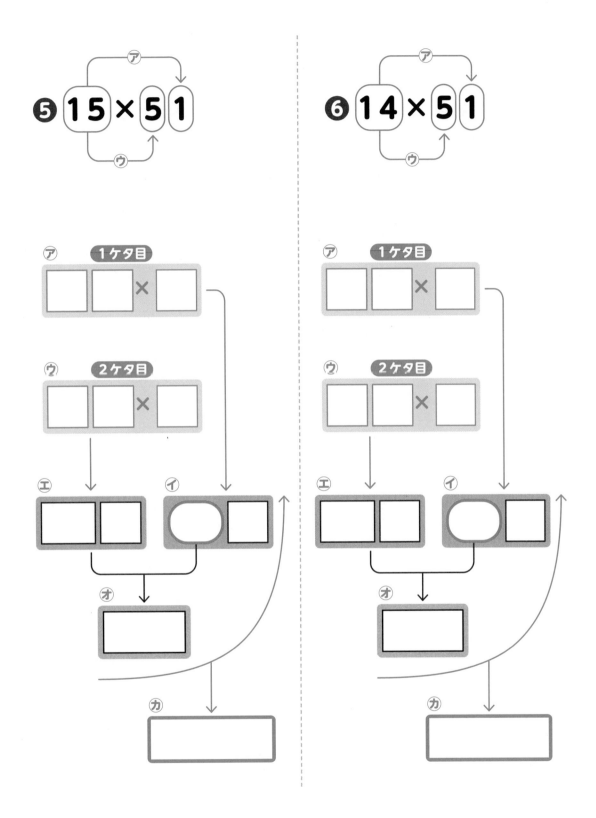

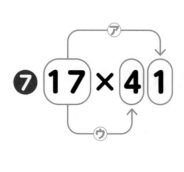

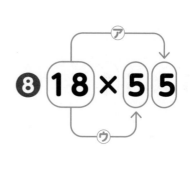

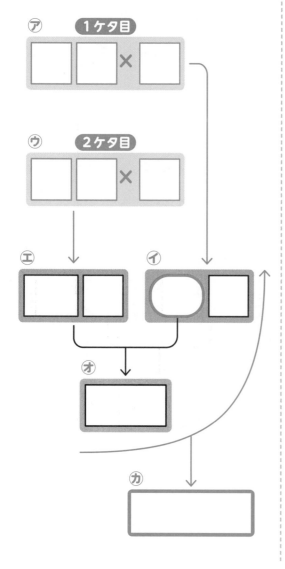

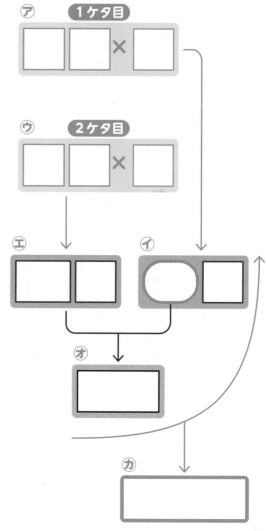

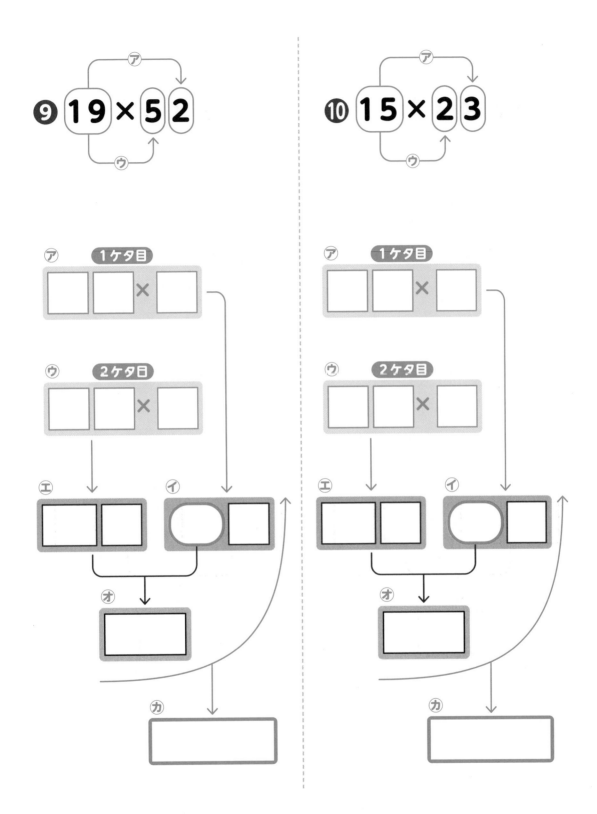

⑨ 19 × 52

⑩ 15 × 23

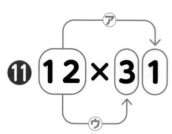

⓫ 12 × 31

⓬ 13 × 51

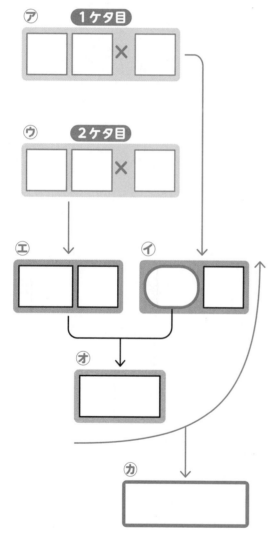

㋐ 1ケタ目

☐ ☐ × ☐

㋒ 2ケタ目

☐ ☐ × ☐

㋓ ☐ ☐　㋑ ◯ ☐

㋔ ☐

㋕ ☐

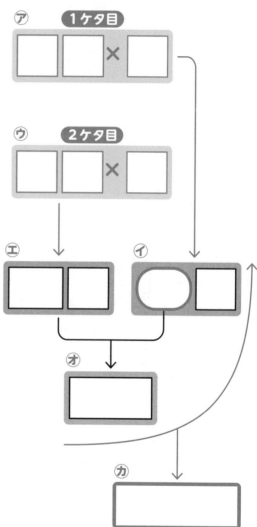

㋐ 1ケタ目

☐ ☐ × ☐

㋒ 2ケタ目

☐ ☐ × ☐

㋓ ☐ ☐　㋑ ◯ ☐

㋔ ☐

㋕ ☐

86

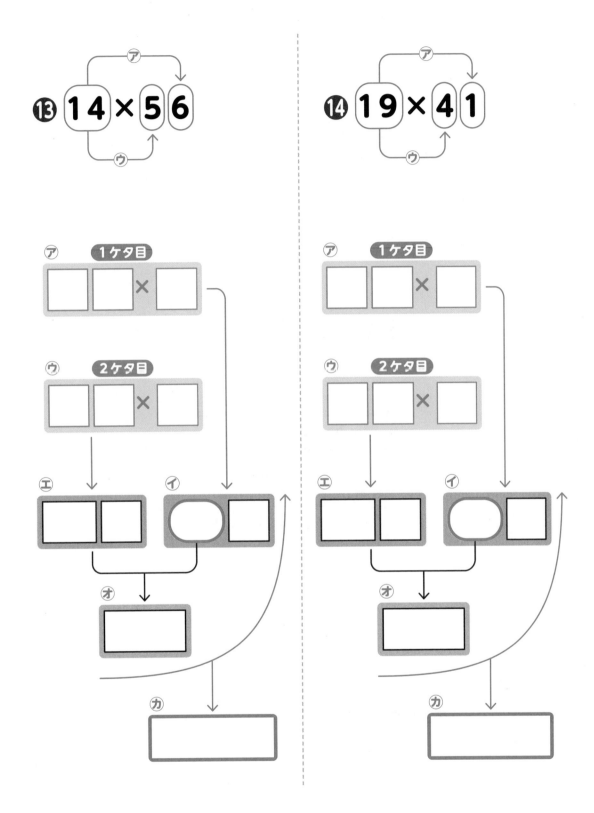

⑬ 14 × 56
ア
ウ

⑭ 19 × 41
ア
ウ

ア 1ケタ目
□ □ × □

ウ 2ケタ目
□ □ × □

エ
□ □

イ
◯ □

オ
□

カ
□

ア 1ケタ目
□ □ × □

ウ 2ケタ目
□ □ × □

エ
□ □

イ
◯ □

オ
□

カ
□

次の順番でマスをうめていきます。

1 かける数の1ケタ目とかけられる数の計算をする（㋐）。
2 かける数の2ケタ目とかけられる数の計算をする（㋑）。
3 ㋐のはみ出す数（ここでは2）と㋑を足す（㋒）。
4 のこった数を書く（㋓）。これが答え。

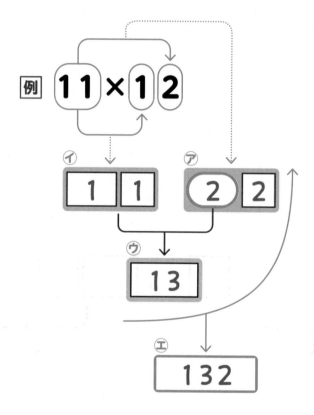

例を参考に㋐～㋓をうめていってください。

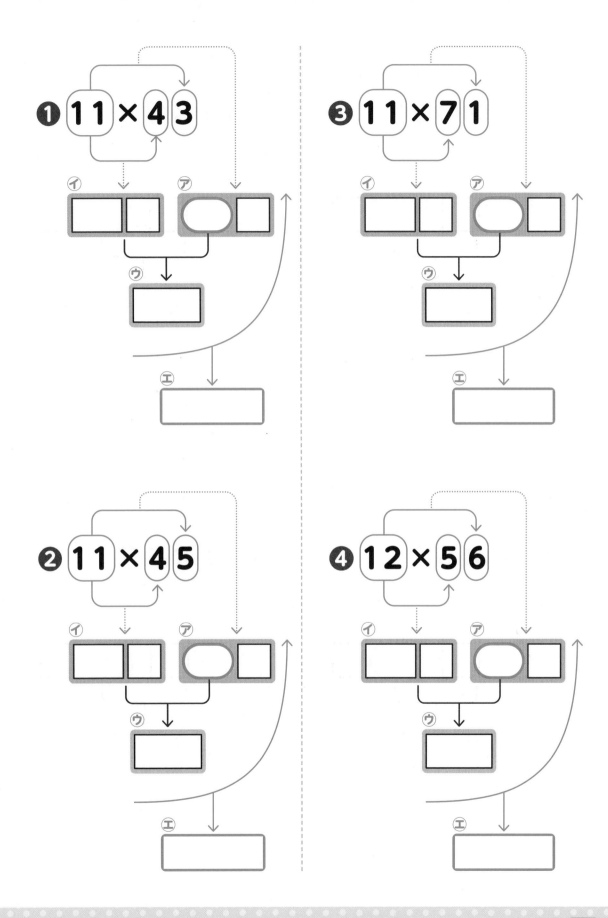

❶ 11 × 43

❸ 11 × 71

❷ 11 × 45

❹ 12 × 56

イ　ア　ウ　エ

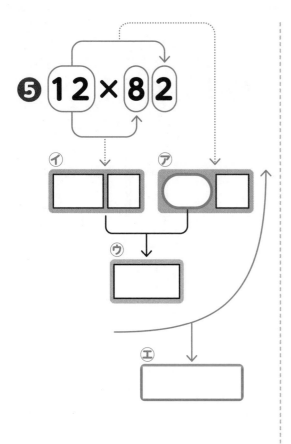

❺ 12 × 82

ア イ ウ エ

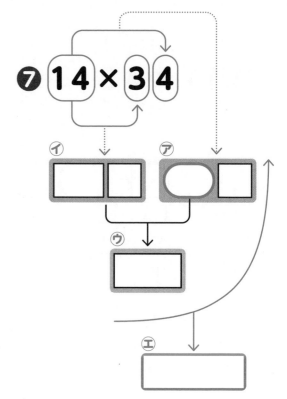

❼ 14 × 34

ア イ ウ エ

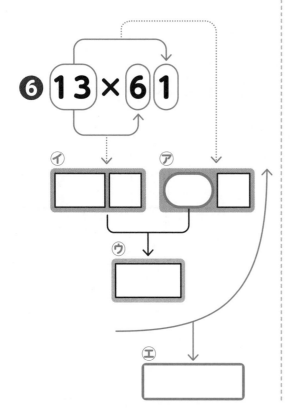

❻ 13 × 61

ア イ ウ エ

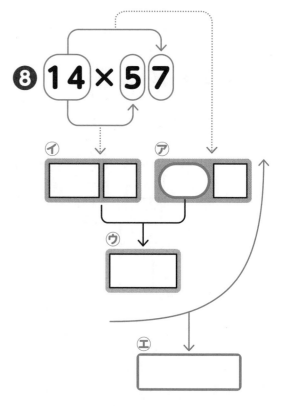

❽ 14 × 57

ア イ ウ エ

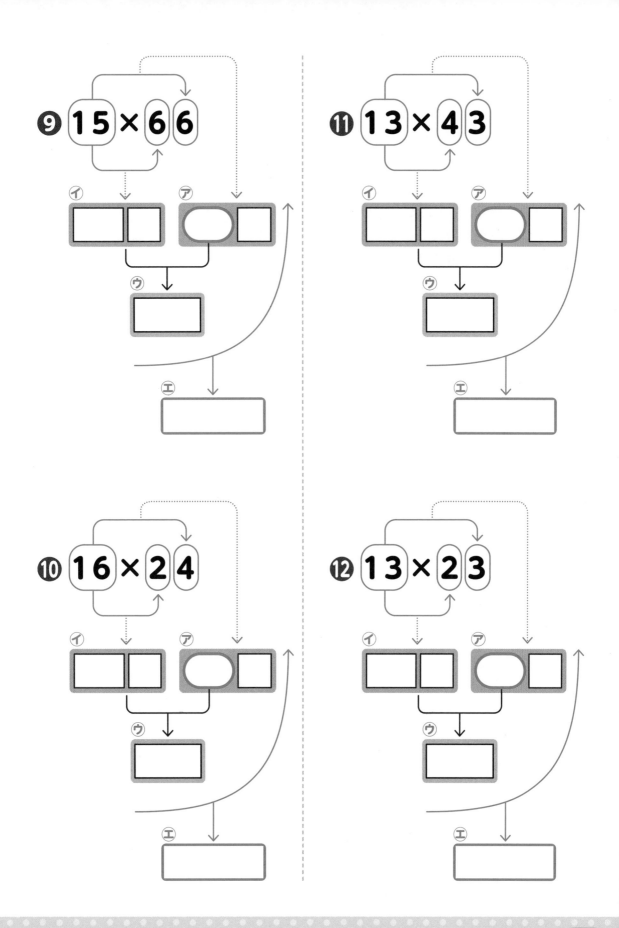

❾ 15 × 66

⓫ 13 × 43

❿ 16 × 24

⓬ 13 × 23

次の順番でマスをうめていきます。

1 かける数の1ケタ目とかけられる数の計算をする（㋐）。
2 かける数の2ケタ目とかけられる数の計算をする（㋑）。
3 ㋐のはみ出す数（ここでは2）と㋑を足す（㋒）。
4 のこった数を書く（㋓）。これが答え。

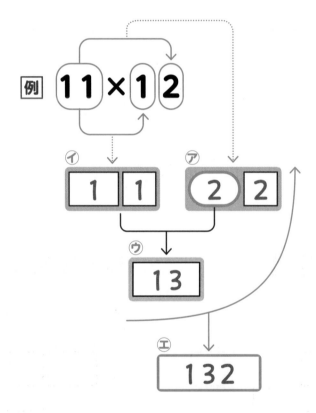

例を参考に㋐～㋓をうめていってください。

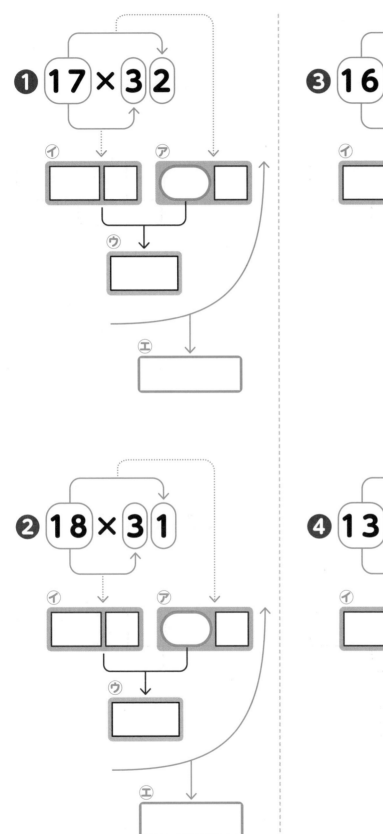
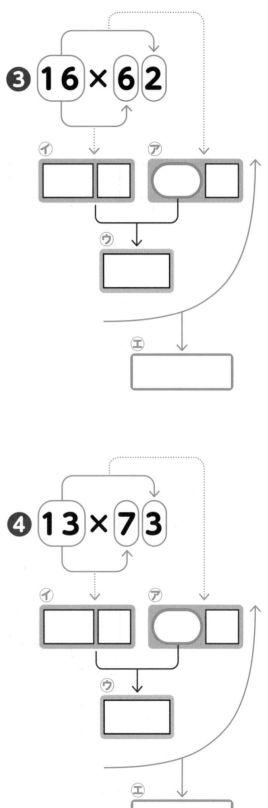

❶ 17 × 3 2

❷ 18 × 3 1

❸ 16 × 6 2

❹ 13 × 7 3

❺ 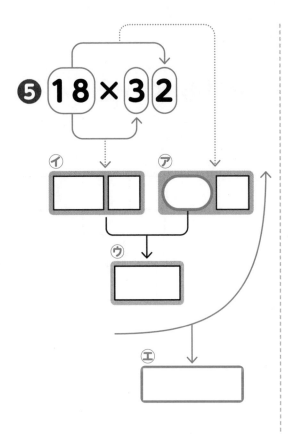 18 × 32

❼ 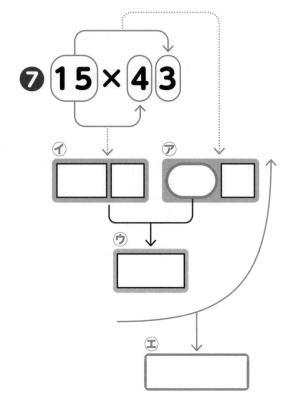 15 × 43

❻ 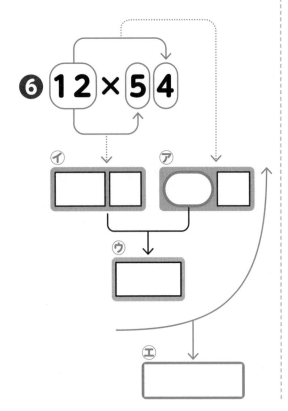 12 × 54

❽ 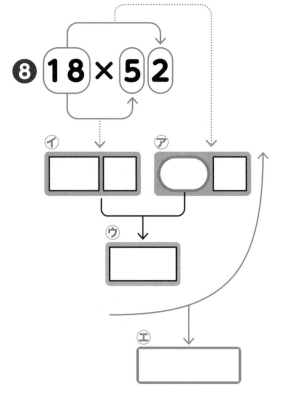 18 × 52

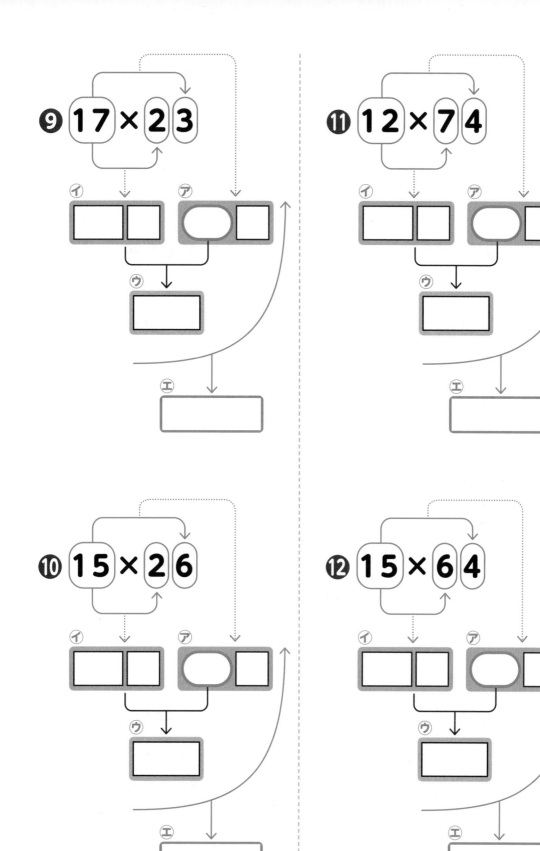

❾ 17 × 23

⑩ 15 × 26

⓫ 12 × 74

⑫ 15 × 64

以下の問題を計算してください。

❶ 11 × 63 =

❷ 11 × 36 =

❸ 12 × 41 =

❹ 12 × 58 =

❺ 12 × 73 =

❻ 13 × 45 =

❼ 13 × 52 =

❽ 14 × 82 =

❾ 14 × 55 =

❿ 15 × 28 =

⓫ 15 × 53 =

⓬ 15 × 86 =

⓭ 16 × 54 =

⓮ 16 × 72 =

⓯ 17 × 93 =

⓰ 17 × 34 =

⓱ 18 × 41 =

⓲ 18 × 51 =

⓳ 19 × 92 =

⓴ 19 × 42 =

以下の問題を計算してください。

❶ $11 \times 26 =$

❷ $11 \times 52 =$

❸ $12 \times 23 =$

❹ $12 \times 62 =$

❺ $12 \times 81 =$

❻ $13 \times 41 =$

❼ $13 \times 60 =$

❽ $13 \times 82 =$

❾ $14 \times 84 =$

❿ $15 \times 61 =$

⓫ $15 \times 93 =$

⓬ $16 \times 52 =$

⓭ $16 \times 93 =$

⓮ $17 \times 64 =$

⓯ $17 \times 81 =$

⓰ $18 \times 43 =$

⓱ $18 \times 92 =$

⓲ $19 \times 62 =$

⓳ $19 \times 83 =$

⓴ $19 \times 94 =$

⬡ かけた時にくり上がりがある場合

次に、計算の途中でくり上がりがある時の計算を見てみましょう。

$$13 \times 25$$

今回も、最初に計算するのは、かける数の1ケタ目、13×5です。

計算すると、答えは65ですね。

はみ出す数は6です。

次はかける数の2ケタ目、13×2です。

計算すると、答えは26ですね。

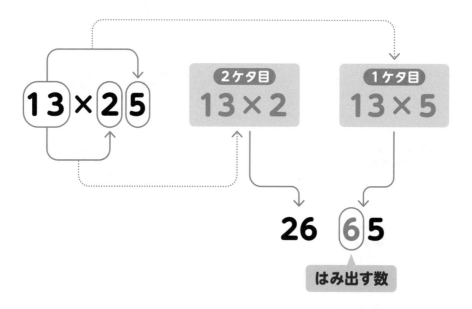

そして、1ケタ目の計算で出た答えのはみ出す数と、2ケタ目の計算で出た答えを足します。
26＋6で、答えは32になります。

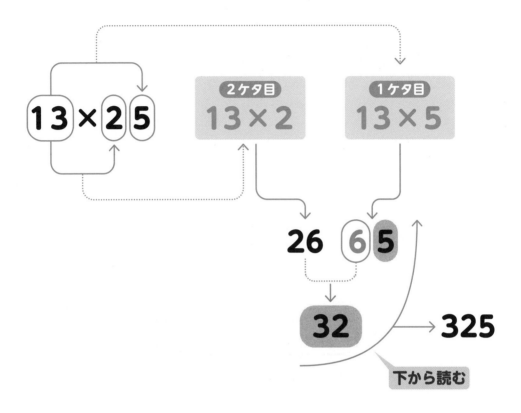

そのまま3が百の位、2が十の位になって、答えは325です。

くり上がりがあっても
やり方は同じです！

次の順番でマスをうめていきます。

1 かける数の1ケタ目とかけられる数の計算をする（㋐）。

2 かける数の2ケタ目とかけられる数の計算をする（㋑）。

3 ㋐のはみ出す数（ここでは8）と㋑を足す（㋒）。

4 のこった数を書く（㋓）。これが答え。

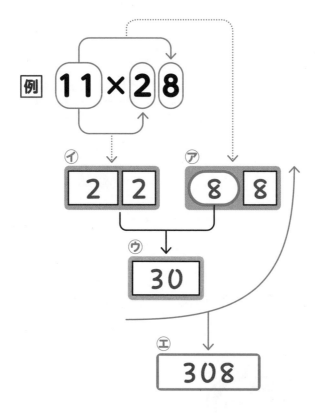

例を参考に㋐〜㋓をうめていってください。

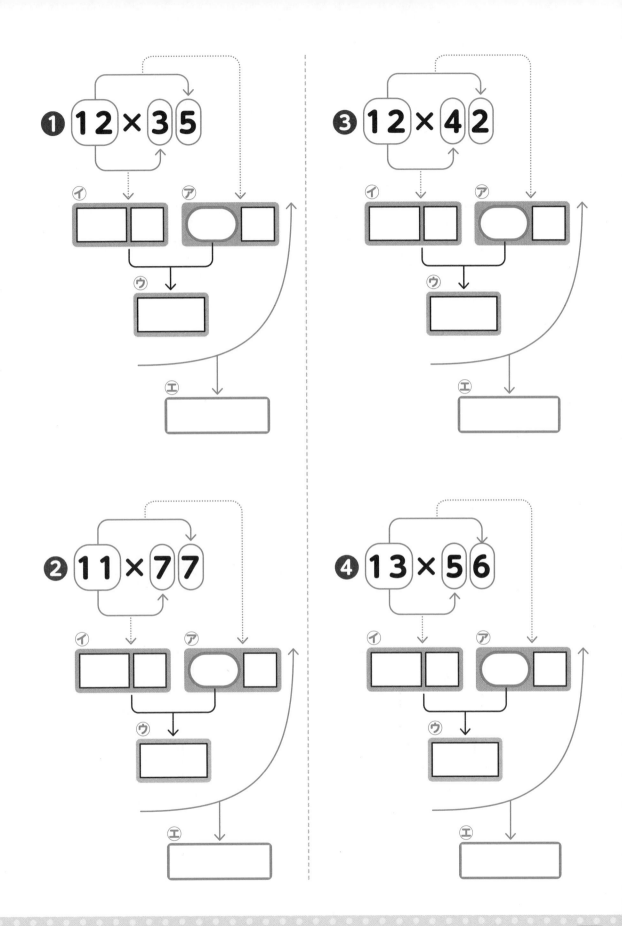

❶ 12 × 35

❷ 11 × 77

❸ 12 × 42

❹ 13 × 56

ア イ ウ エ

❺ 14 × 37

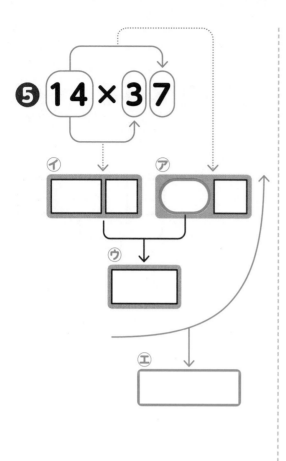

㋑ [ ][ ] ㋐ (◯)[ ] ㋒ [ ]

㋓ [ ]

❼ 16 × 45

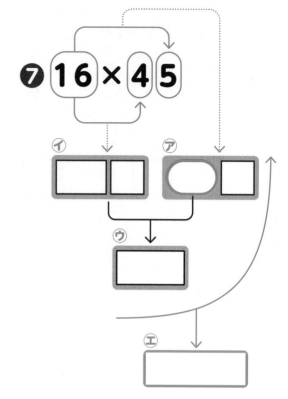

㋑ [ ][ ] ㋐ (◯)[ ] ㋒ [ ]

㋓ [ ]

❻ 15 × 36

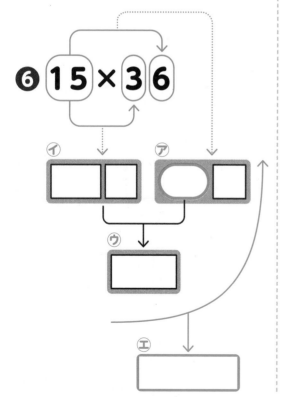

㋑ [ ][ ] ㋐ (◯)[ ] ㋒ [ ]

㋓ [ ]

❽ 17 × 25

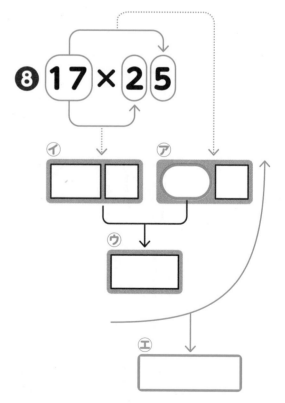

㋑ [ ][ ] ㋐ (◯)[ ] ㋒ [ ]

㋓ [ ]

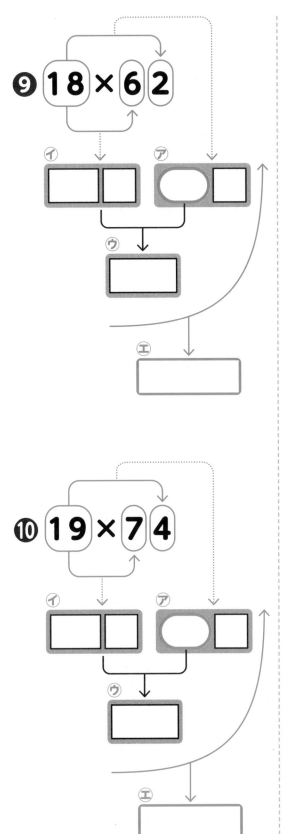

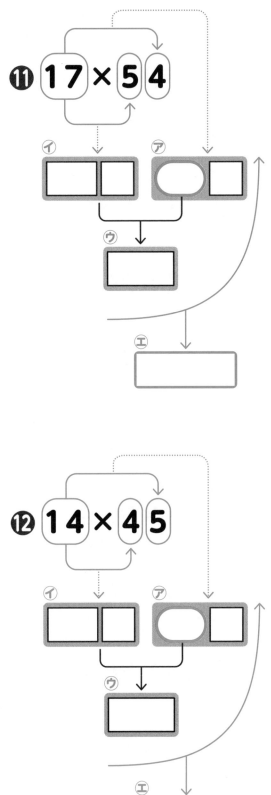

❾ 18 × 62

❿ 19 × 74

⓫ 17 × 54

⓬ 14 × 45

ア ウ イ エ

以下の問題を計算してください。

❶ 11×47=

❷ 11×85=

❸ 12×26=

❹ 12×44=

❺ 13×31=

❻ 13×93=

❼ 14×78=

❽ 14×96=

❾ 15×56=

❿ 16×64=

⓫ 16×32=

⓬ 17×53=

⓭ 17×84=

⓮ 18×24=

⓯ 19×32=

⓰ 14×43=

⓱ 11×65=

⓲ 12×93=

⓳ 13×37=

⓴ 14×77=

以下の問題を計算してください。

❶ 11×59=

❷ 11×68=

❸ 12×84=

❹ 12×27=

❺ 12×67=

❻ 13×34=

❼ 13×65=

❽ 14×26=

❾ 14×93=

❿ 14×47=

⓫ 15×76=

⓬ 15×39=

⓭ 16×82=

⓮ 16×44=

⓯ 17×71=

⓰ 17×42=

⓱ 18×35=

⓲ 18×84=

⓳ 19×54=

⓴ 19×23=

🏠 答えの上にメモしていく方法

かけ算の答えが3ケタになることがあります。例を見てみましょう。

最初に計算するのは、かける数の1ケタ目、13×9ですね。
答えは117。このうち、7だけを答えの一の位に書きます。

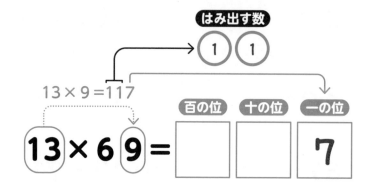

ここで、はみ出す数を答えの上にメモします。13×9ではかける数が1ケタなので、はみ出す数は一の位を超える数で、11です。

次に計算するのは、かける数の2ケタ目、13×6です。
答えは78。この78を先ほどメモした11と足します。
答えは89。
そのまま8が百の位、9が十の位の答えになります。

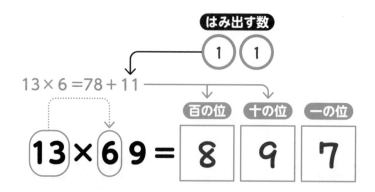

次の順番でマスをうめていきます。

1 かける数の1ケタ目とかけられる数を計算し、1ケタ目の数を答えの一の位に書く（ア）。
2 はみ出す数をメモしておく（イ）。
3 かける数の2ケタ目とかけられる数を計算し、はみ出していた数（イ）と足して答えの十の位以上に書く（ウ）。

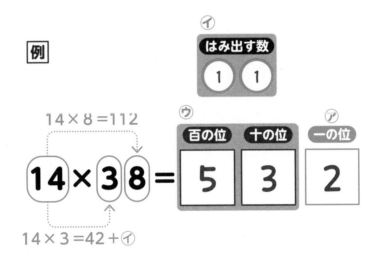

例

例を参考にア〜ウをうめていってください。

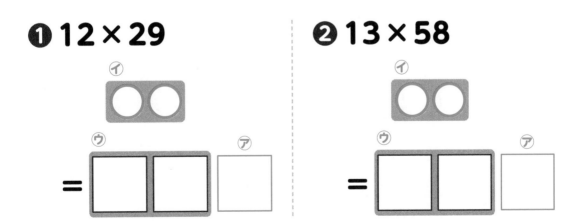

❶ 12 × 29

❷ 13 × 58

❸ 14 × 29

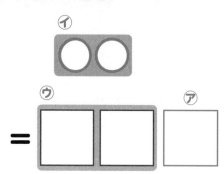

❹ 15 × 27

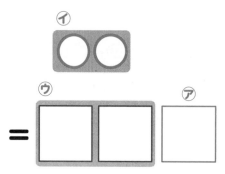

❺ 15 × 48

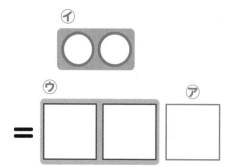

❻ 16 × 48

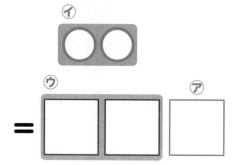

❼ 17 × 36

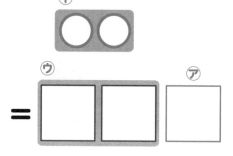

❽ 17 × 58

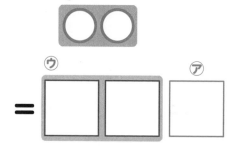

❾ 18 × 37

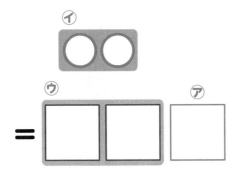

⑫ 19 × 49

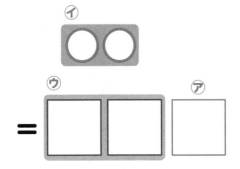

❿ 19 × 47

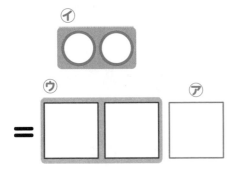

⑬ 12 × 79

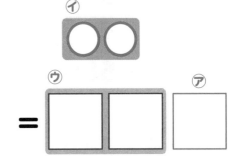

⓫ 19 × 37

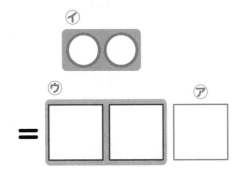

⑭ 13 × 68

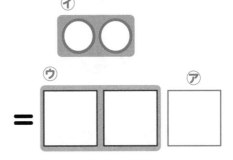

➡ 答えは170ページ

以下の問題を計算してください。答えの上にメモを書いてもかまいません。

❶ $12 \times 49 =$

❷ $13 \times 39 =$

❸ $14 \times 58 =$

❹ $15 \times 32 =$

❺ $15 \times 58 =$

❻ $15 \times 88 =$

❼ $16 \times 38 =$

❽ $16 \times 67 =$

❾ $17 \times 47 =$

❿ $17 \times 49 =$

⓫ $17 \times 87 =$

⓬ $18 \times 48 =$

⓭ $18 \times 26 =$

⓮ $19 \times 27 =$

⓯ $19 \times 87 =$

⓰ $13 \times 98 =$

⓱ $15 \times 71 =$

⓲ $17 \times 63 =$

⓳ $17 \times 57 =$

⓴ $19 \times 68 =$

以下の問題を計算してください。答えの上にメモを書いてもかまいません。

❶ 12×69=

❷ 12×99=

❸ 13×79=

❹ 13×28=

❺ 14×64=

❻ 14×89=

❼ 15×47=

❽ 15×77=

❾ 15×99=

❿ 16×88=

⓫ 16×27=

⓬ 17×68=

⓭ 17×82=

⓮ 17×92=

⓯ 18×59=

⓰ 18×39=

⓱ 18×67=

⓲ 19×36=

⓳ 19×69=

⓴ 19×48=

以下の問題を計算してください。なるべくメモなしで計算してみましょう。

❶ $12 \times 59 =$

❷ $15 \times 49 =$

❸ $16 \times 51 =$

❹ $16 \times 98 =$

❺ $18 \times 46 =$

❻ $14 \times 32 =$

❼ $16 \times 69 =$

❽ $17 \times 77 =$

❾ $18 \times 69 =$

❿ $19 \times 38 =$

⑪ $13 \times 53 =$

⑫ $14 \times 79 =$

⑬ $16 \times 42 =$

⑭ $17 \times 67 =$

⑮ $18 \times 29 =$

⑯ $18 \times 89 =$

⑰ $19 \times 29 =$

⑱ $19 \times 58 =$

⑲ $19 \times 78 =$

⑳ $18 \times 68 =$

→ 答えは170ページ

以下の問題を計算してください。なるべくメモなしで計算してみましょう。

❶ 16 × 39 =

❷ 16 × 91 =

❸ 16 × 89 =

❹ 17 × 59 =

❺ 17 × 85 =

❻ 17 × 79 =

❼ 17 × 89 =

❽ 18 × 28 =

❾ 18 × 50 =

❿ 18 × 76 =

⓫ 18 × 78 =

⓬ 18 × 79 =

⓭ 19 × 28 =

⓮ 19 × 34 =

⓯ 19 × 44 =

⓰ 19 × 39 =

⓱ 19 × 56 =

⓲ 19 × 59 =

⓳ 19 × 72 =

⓴ 19 × 79 =

19×無限の計算
ケタ合わせに注意

🔺 はみ出す数に丸をつける

ここからはかける数が3ケタになります。

でも、心配はいりません。19×99ができていれば、×無限までできます。

さっそく例題を見ていきましょう。

$$14 \times 543$$

19×99と同じで、かける数を1ケタずつに分けて計算します。

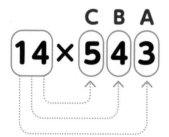

3ケタ目	2ケタ目	1ケタ目
C 14×5	B 14×4	A 14×3

まずはかける数の1ケタ目、14×3から計算します。答えは42。

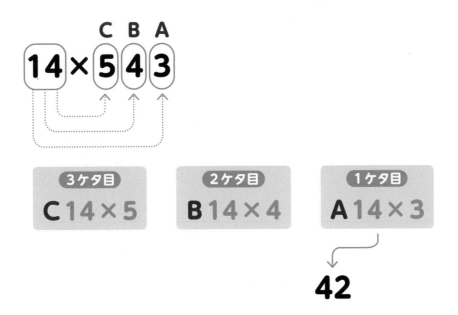

ここではみ出す数に丸をつけます。ここでは4ですね。
次にかける数の2ケタ目、14×4を計算。答えは56です。

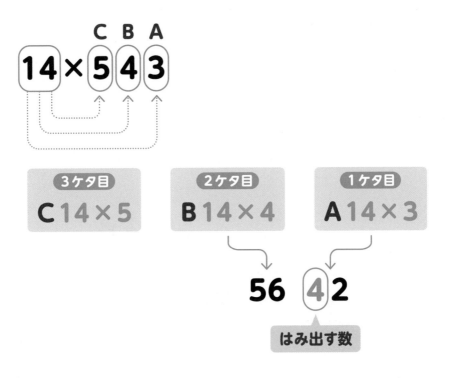

56とはみ出す数の4を足して60。

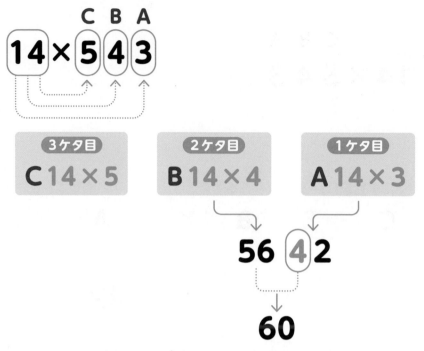

後は同じやり方でかける数の3ケタ目、14×5を計算します。

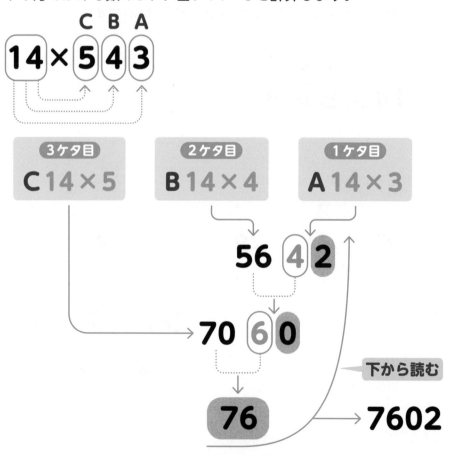

14×5は70。これを先に書いた60の横に書きます。60ではみ出している数は6。これを70に足すと76。ここでのこった数をひろうと、7602。
14×543 = 7602です。

どうですか。ようは19×99と同じで、それがのびているだけですよね。
かんたんです。

ここがポイント

はみ出す数に丸をして、ケタ合わせに注意する。

19×99が
できれば
無限までできる！

→答えは171ページ

次の順番でマスをうめていきます。

1 かける数の1ケタ目とかけられる数の計算式を書く（ア）。

2 アの答えを書く（イ）。

3 かける数の2ケタ目とかけられる数の計算式を書く（ウ）。

4 ウの答えを書く（エ）。

5 イのはみ出す数（ここでは1）とエを足す（オ）。

6 かける数の3ケタ目とかけられる数の計算式を書く（カ）。

7 カの答えを書く（キ）。

8 オのはみ出す数（ここでは3）とキを足す（ク）。

9 のこった数を書く（ケ）。これが答え。

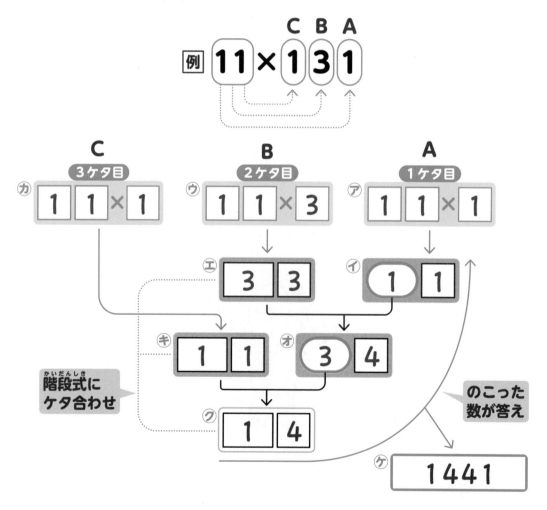

例を参考に㋐~㋘をうめていってください。

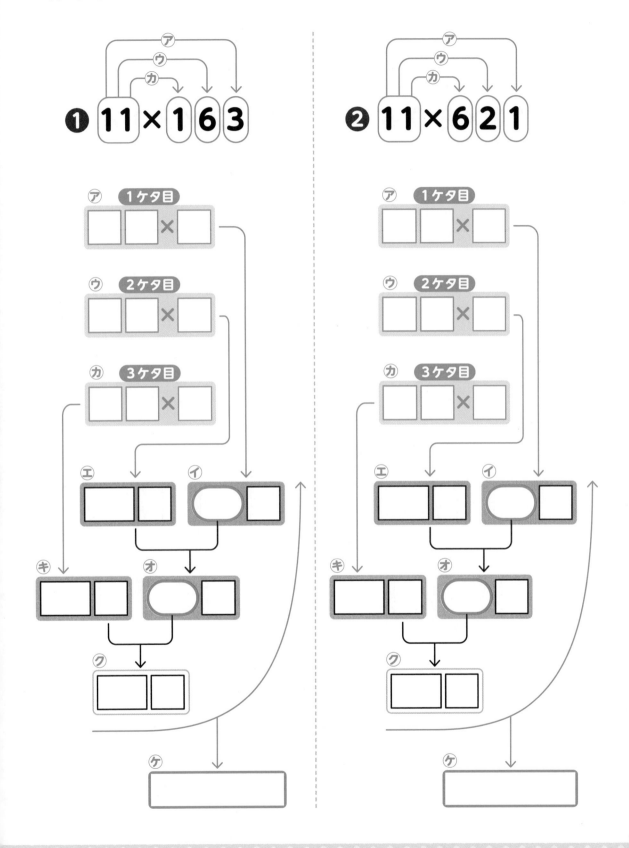

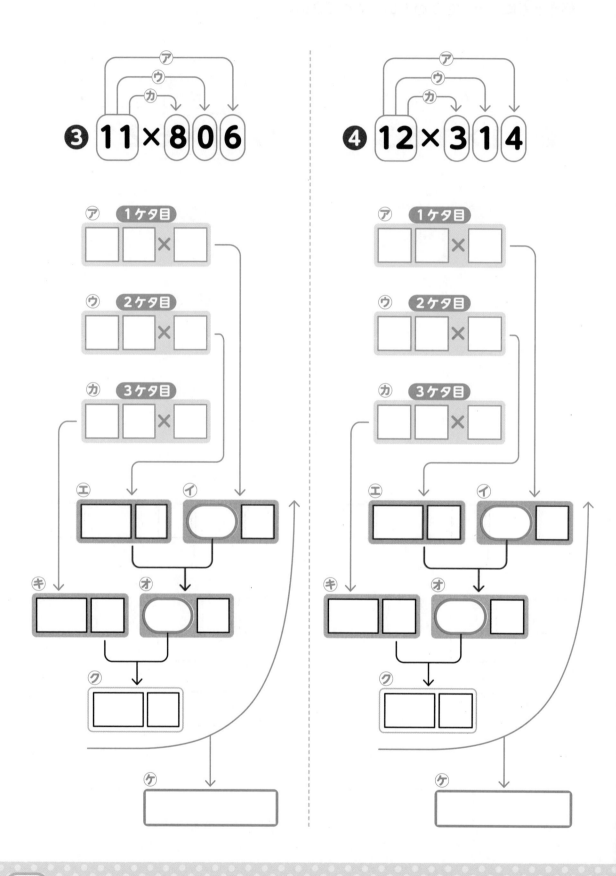

❸ 11 × 806

❹ 12 × 314

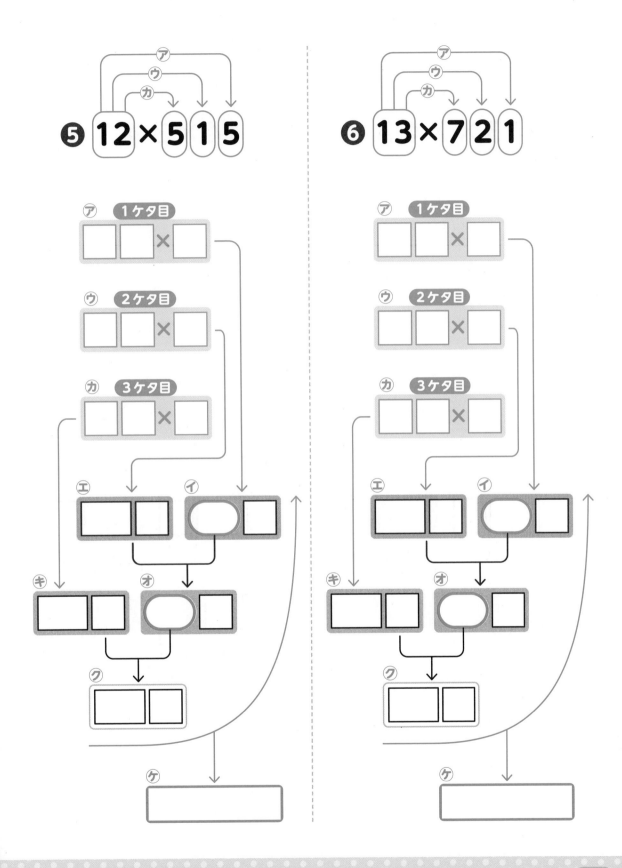

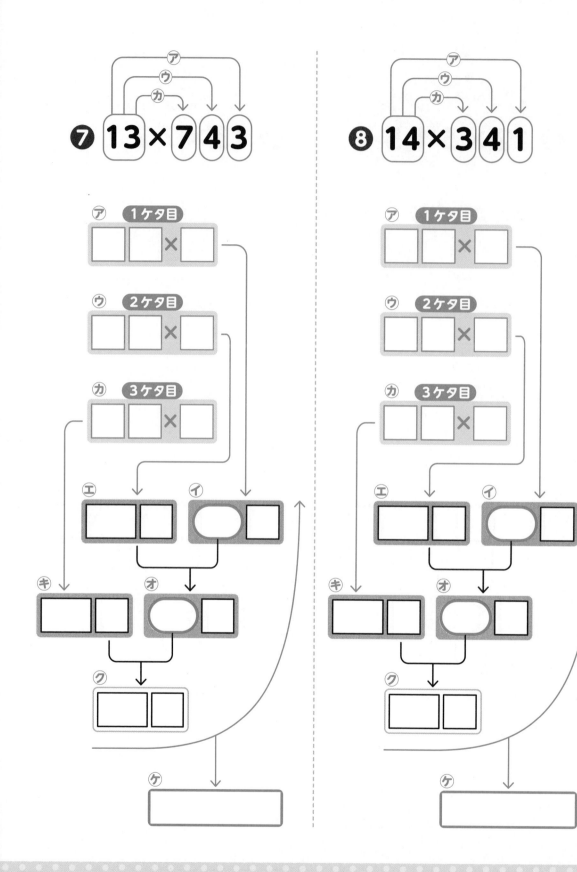

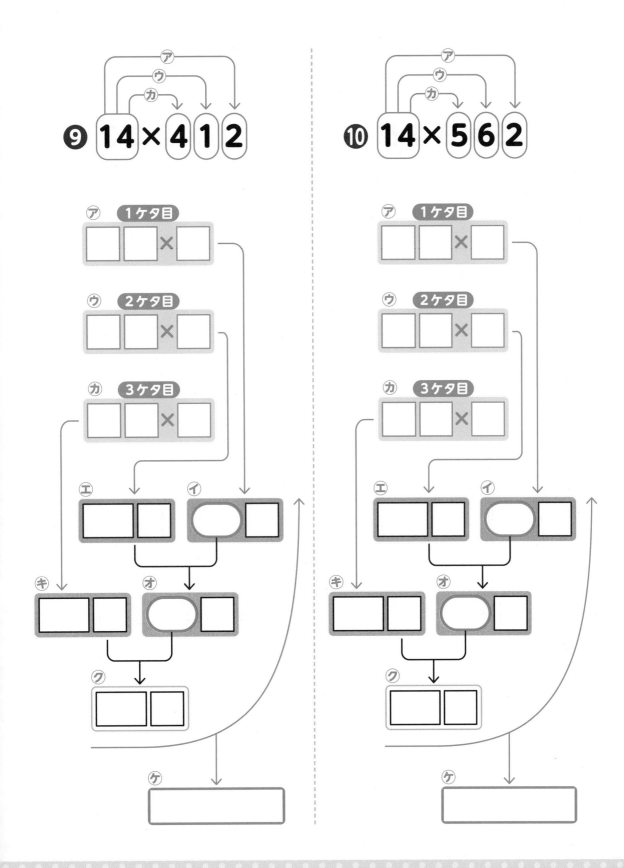

❾ ㋐ ㋒ ㋕ 14 × 4 1 2

❿ ㋐ ㋒ ㋕ 14 × 5 6 2

㋐ 1ケタ目
㋒ 2ケタ目
㋕ 3ケタ目
㋓ ㋑ ㋗ ㋔ ㋘

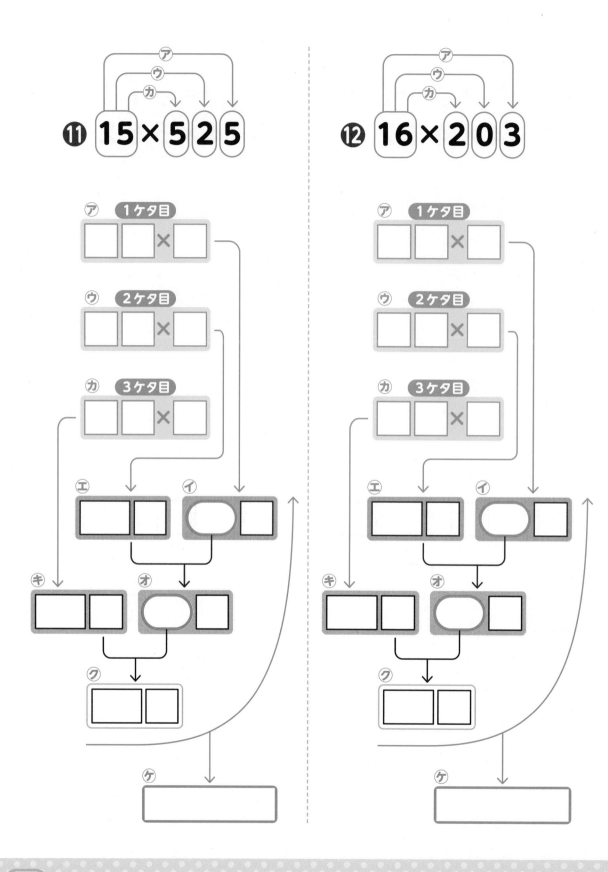

⑪ 15 × 525

⑫ 16 × 203

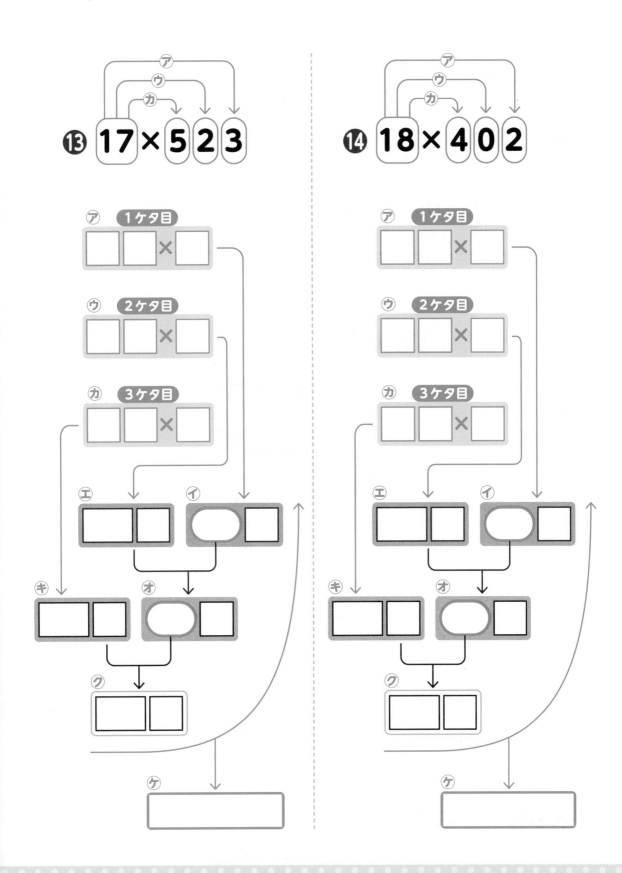

次の順番でマスをうめていきます。

1 かける数の1ケタ目とかけられる数の計算をする（㋐）。
2 かける数の2ケタ目とかけられる数の計算をする（㋑）。
3 ㋐のはみ出す数（ここでは1）と㋑を足す（㋒）。
4 かける数の3ケタ目とかけられる数の計算をする（㋓）。
5 ㋒のはみ出す数（ここでは7）と㋓を足す（㋔）。
6 のこった数を書く（㋕）。これが答え。

例 **12×161**

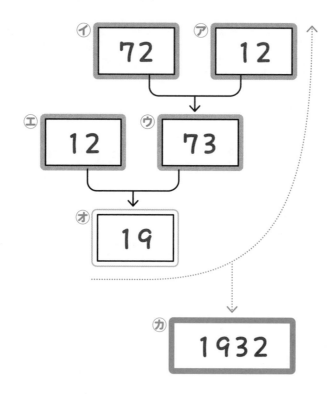

例を参考に㋐~㋕をうめていってください。

❶ 11 × 143

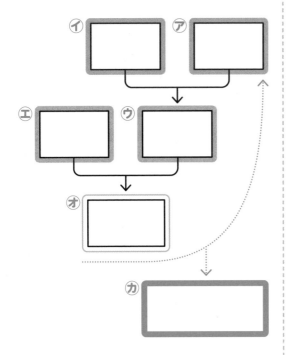

❸ 11 × 752

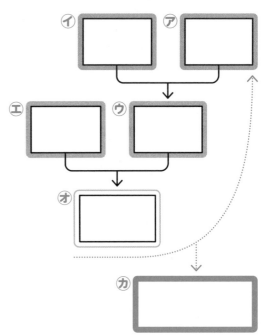

❷ 11 × 615

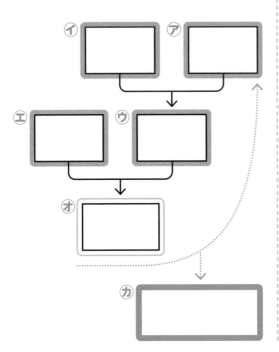

❹ 12 × 832

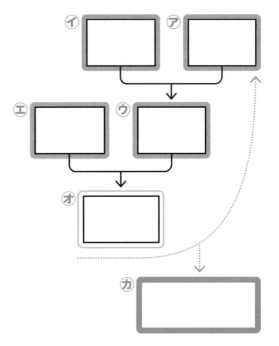

❺ 12 × 854

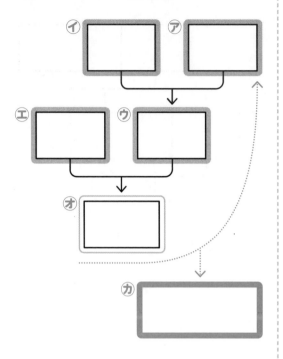

❼ 14 × 662

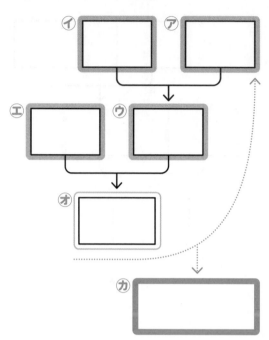

❻ 13 × 913

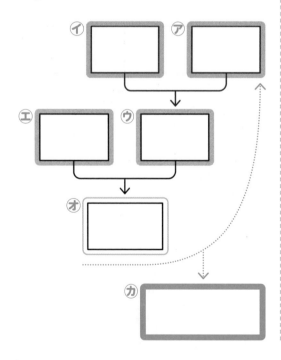

❽ 15 × 723

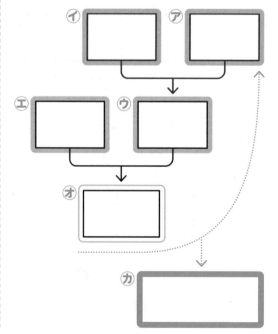

❾ 16 × 125

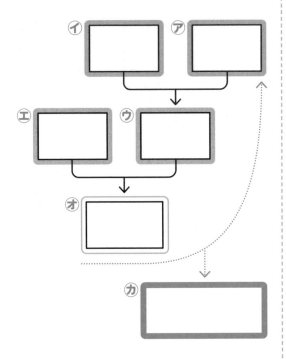

⓫ 17 × 632

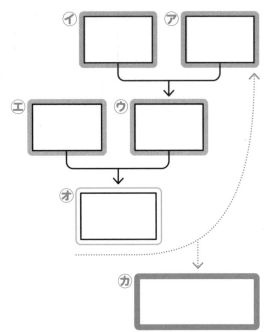

❿ 16 × 940

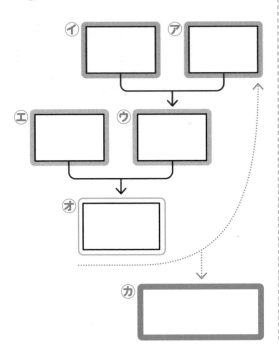

⓬ 19 × 341

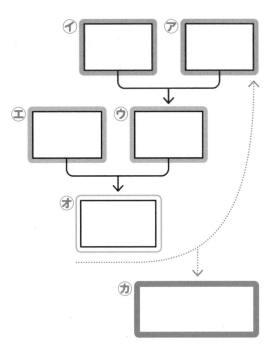

⑬ 16 × 921

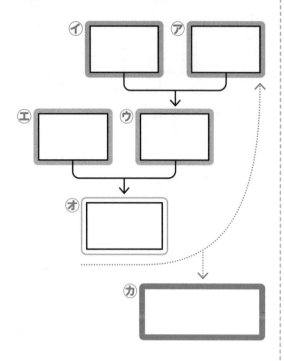

⑮ 18 × 421

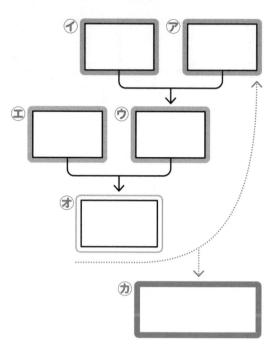

⑭ 17 × 521

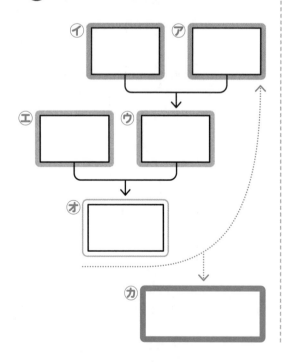

⑯ 18 × 543

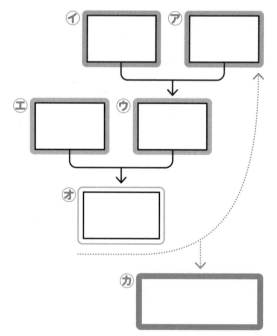

⑰ 19×631

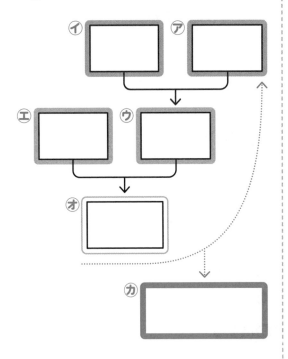

⑲ 14×605

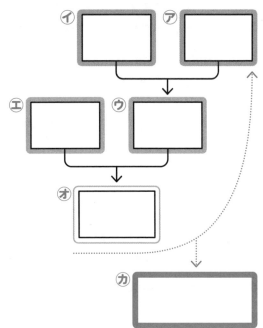

⑱ 12×614

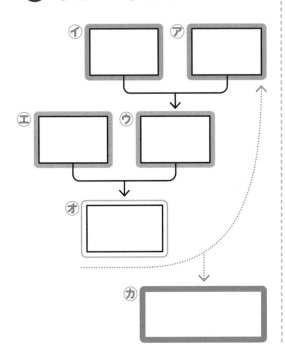

⑳ 15×925

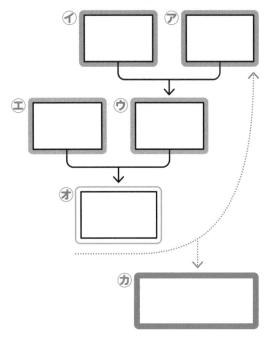

🏠 はみ出す数をメモで書く

106ページで答えの上にメモを書くやり方を練習しましたね。
その方法はかける数が3ケタ以上になっても使えます。
例題を見ましょう。

$$14 \times 341$$

最初に計算するのは、かける数の1ケタ目、14×1ですね。
答えは14。このうち4だけ答えの一の位に書きます。
ここで、はみ出す数を答えの上にメモします。14×1ではかける数が1ケタなので、はみ出す数は一の位を超えるケタの数で、1です。

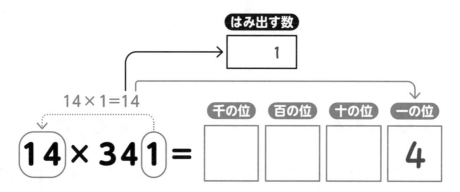

次に計算するのは、かける数の2ケタ目、14×4です。
答えは56。これに先ほどメモした1を足すと57。
ここではみ出す数5を答えの上にメモし、1ケタ目だけ答えに書きます。
ここで先に書いたメモの1は消しておきます。

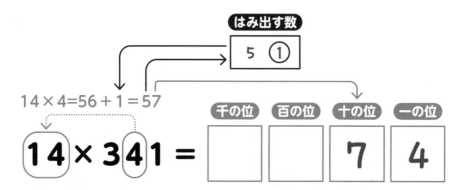

かける数の3ケタ目も同じように続けます。

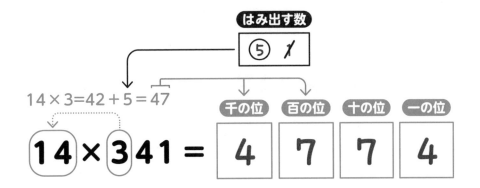

14×3は42。これにメモした5を足して47。それが答えの百の位以上にきて、答えは4774です。

もう1問計算してみます。

$$16 \times 117$$

まずは16×7＝112。2だけ答えに書いて、11をメモします。

$$\overset{11}{16 \times 117 =} \qquad 2$$

次に16×1＝16。16＋11＝27の7だけ答えに書いて、2をメモします。ここでメモの11を消します。そうしないと、次に足すはみ出す数をまちがってしまいます。

$$\overset{2\ \cancel{11}}{16 \times 117 =} \qquad 72$$

最後に16×1＝16。これにはみ出す数の2を足して18。
答えは1872です。

2 卅

16×117＝　1872

ここからメモを書かずに計算できれば、完全な暗算です。

ほとんど
暗算だね！

次の順番でマスをうめていきます。

1 かける数の1ケタ目とかけられる数の計算をして、1ケタ目の数字を答えの一の位に書く（㋐）。

2 1の計算のはみ出す数をメモする（㋑）。

3 かける数の2ケタ目とかけられる数を計算した数に㋑を足し、1ケタ目の数字を答えの十の位に書く（㋒）。

4 3の計算のはみ出す数をメモする（㋓）。

5 かける数の3ケタ目とかけられる数を計算した数に㋓を足し、百の位以上に書く（㋔）。これが答え。

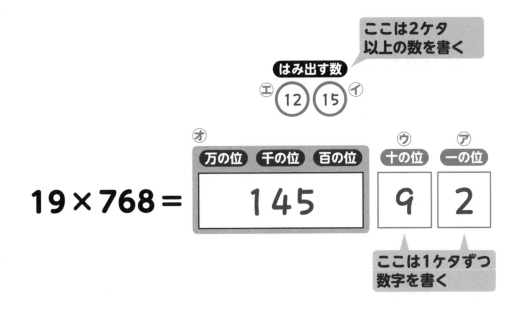

例を参考に㋐〜㋔をうめていってください。

❶ 11 × 295 =

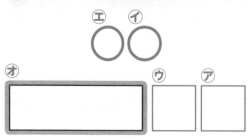

❺ 12 × 953 =

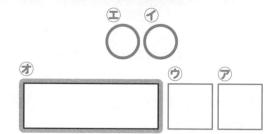

❷ 11 × 559 =

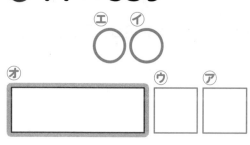

❻ 13 × 413 =

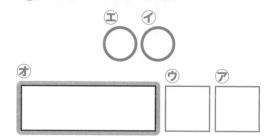

❸ 12 × 246 =

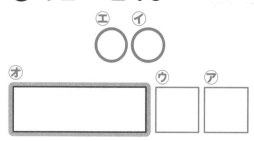

❼ 14 × 325 =

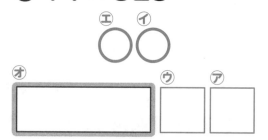

❹ 12 × 409 =

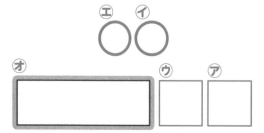

❽ 15 × 415 =

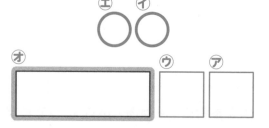

❾ 15 × 248 =

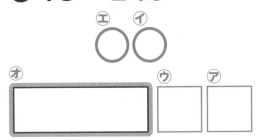

⓭ 18 × 138 =

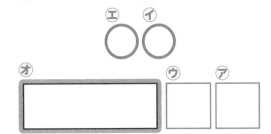

❿ 16 × 208 =

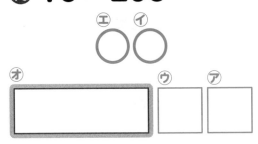

⓮ 18 × 672 =

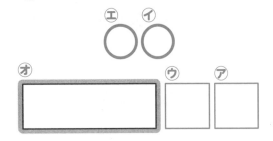

⓫ 16 × 917 =

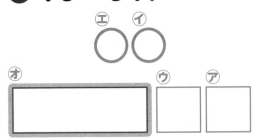

⓯ 19 × 113 =

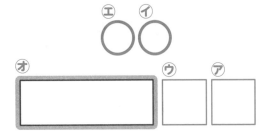

⓬ 17 × 851 =

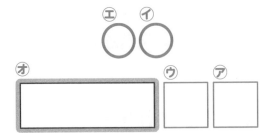

⓰ 19 × 788 =

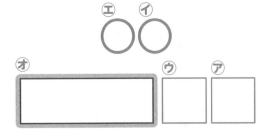

以下の問題を計算してください。

❶ 11 × 717 =

❷ 11 × 906 =

❸ 11 × 952 =

❹ 12 × 113 =

❺ 12 × 668 =

❻ 13 × 214 =

❼ 13 × 855 =

❽ 14 × 345 =

❾ 14 × 745 =

❿ 15 × 165 =

⑪ 15 × 356 =

⑫ 16 × 704 =

⑬ 16 × 951 =

⑭ 17 × 623 =

⑮ 17 × 808 =

⑯ 17 × 854 =

⑰ 18 × 432 =

⑱ 18 × 545 =

⑲ 19 × 304 =

⑳ 19 × 852 =

以下の問題を計算してください。

❶ 11×361＝

❷ 11×429＝

❸ 11×478＝

❹ 12×191＝

❺ 12×236＝

❻ 13×705＝

❼ 13×852＝

❽ 14×134＝

❾ 14×963＝

❿ 15×123＝

⓫ 15×365＝

⓬ 16×124＝

⓭ 16×926＝

⓮ 17×903＝

⓯ 17×522＝

⓰ 18×428＝

⓱ 18×348＝

⓲ 18×565＝

⓳ 19×914＝

⓴ 19×951＝

🏠 19×19の計算法を使う

19×19で習得した暗算法を使えば、さらにかんたんになります。
次の問題を計算してみましょう。

$$19 \times 112$$

この章では、かける数を1ケタずつに分けて、計算してきました。
しかし、19×2ケタの数で分けてもかまいません。

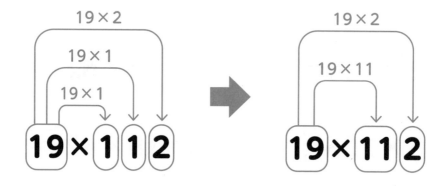

このやり方では、19×1ケタの計算法と19×2ケタの計算法をうまく使い分け
てください。

おさらいしておくと、

- **19×1ケタの暗算では、指で表した数が答えの2ケタ目**
- **19×19の暗算では、指で表す数をかけられる数に足す**

でしたね。

計算していきます。

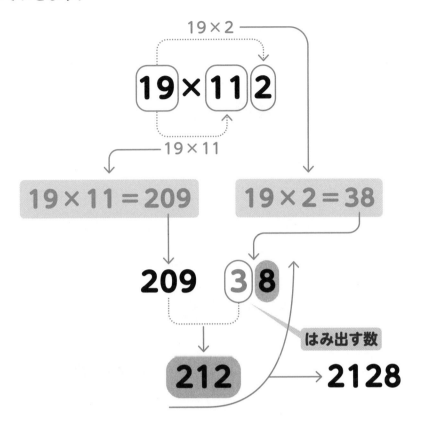

答えは2128です。

ここでも注意するのは、「はみ出す数」です。
上の問題は次のように計算することもできます。

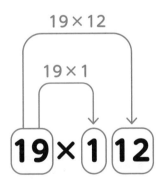

今回は19×12と19×1に分けました。
これを計算していきます。

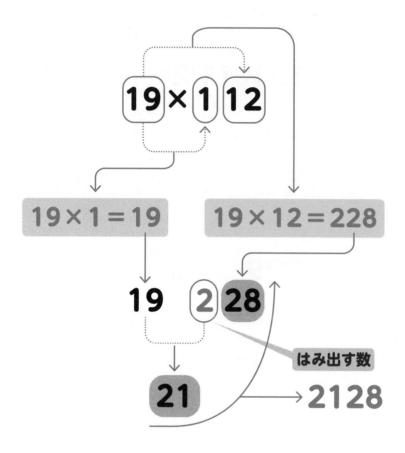

もちろん答えは2128です。

計算の途中で出た 19 × 12 = 228 のうち、はみ出す数は百の位の 2 だけです。はみ出す数は、かける数のケタを超えたケタの数です。ここではかける数が 12 で2ケタなので、百の位だけがはみ出しているというわけです。

ここまでは階段状に計算していきましたが、答えの上にメモをする場合も同じです。

$$19 \times 11 \, 2$$

この場合を見てみましょう。

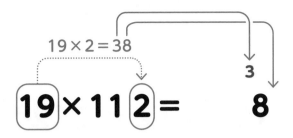

まずメモは3。次に 19 × 11 を計算すると、

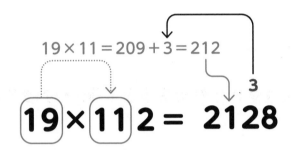

このように答えは2128になります。

次に 19 × 12 と 19 × 1 に分ける場合を見てみましょう。

$$19 \times 1 \boxed{12}$$

19 × 12 = 228。

$$19 \times 1 \boxed{12} = \quad 28$$

ここでメモするのは百の位の2だけです。次に 19 × 1 を計算すると、

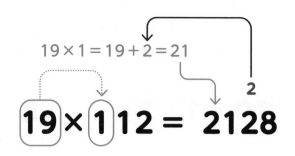

$$19 \times 1 = 19 + 2 = 21$$

19 × 1 12 = 2128

2

答えは2128になります。

はみ出す数に注意してください。

👆 **ここがポイント**

19 × 1ケタと19 × 2ケタをうまく使い分ける。

かける数が
3ケタでも
かんたんだね！

以下の問題を計算してください。

❶ 11 × 116 =

❷ 11 × 314 =

❸ 11 × 418 =

❹ 12 × 173 =

❺ 12 × 517 =

❻ 13 × 513 =

❼ 13 × 915 =

❽ 14 × 183 =

❾ 14 × 318 =

❿ 15 × 419 =

⓫ 15 × 612 =

⓬ 16 × 115 =

⓭ 16 × 198 =

⓮ 17 × 311 =

⓯ 17 × 515 =

⓰ 17 × 717 =

⓱ 18 × 111 =

⓲ 18 × 191 =

⓳ 19 × 151 =

⓴ 19 × 912 =

以下の問題を計算してください。

❶ 11 × 161 =

❷ 11 × 186 =

❸ 11 × 416 =

❹ 12 × 123 =

❺ 12 × 199 =

❻ 13 × 419 =

❼ 13 × 718 =

❽ 14 × 148 =

❾ 14 × 619 =

❿ 15 × 178 =

⓫ 15 × 616 =

⓬ 16 × 188 =

⓭ 16 × 815 =

⓮ 17 × 818 =

⓯ 17 × 918 =

⓰ 18 × 318 =

⓱ 18 × 518 =

⓲ 19 × 122 =

⓳ 19 × 316 =

⓴ 19 × 917 =

→ 答えは173ページ

以下の問題を計算してください。

❶ 11 × 168 =

❷ 11 × 516 =

❸ 11 × 816 =

❹ 12 × 187 =

❺ 12 × 198 =

❻ 12 × 917 =

❼ 13 × 918 =

❽ 14 × 188 =

❾ 14 × 716 =

❿ 15 × 198 =

⓫ 15 × 715 =

⓬ 16 × 178 =

⓭ 16 × 194 =

⓮ 17 × 178 =

⓯ 17 × 617 =

⓰ 18 × 168 =

⓱ 18 × 916 =

⓲ 19 × 178 =

⓳ 19 × 618 =

⓴ 19 × 919 =

🔺19×無限もできる！

ここまでくれば、19×無限もできます。これまでおぼえてきた方法の延長です。まずはかける数が4ケタの場合。

この場合、下のようにかける数を分けましょう。

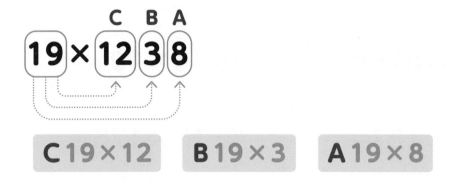

以下はこれまで説明したとおりです。

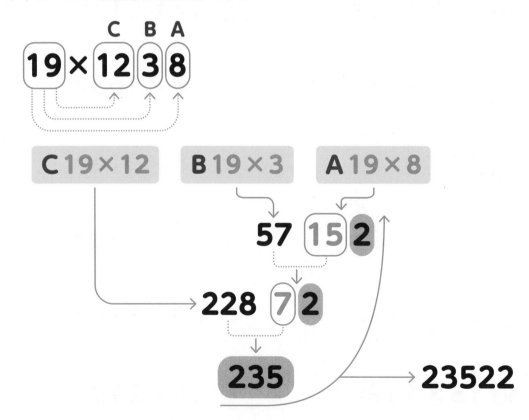

もう1問。

$$17 \times 7814$$

この場合、7と8と14に分けます。

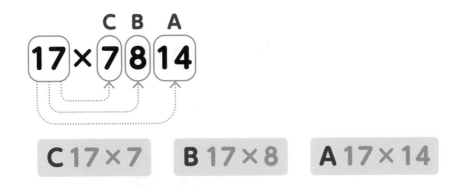

C 17×7   B 17×8   A 17×14

後は以下のようになります。

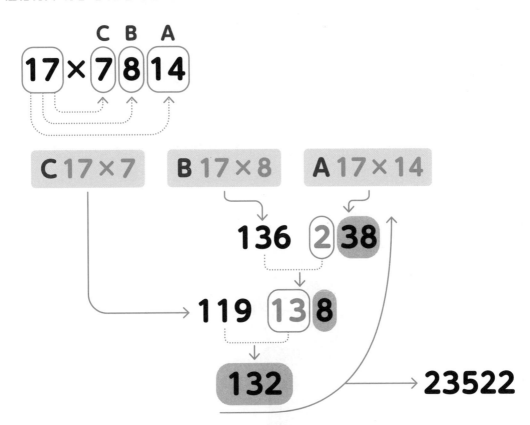

念のため、上の問題を答えの上にメモを書く方法で計算しておきましょう。

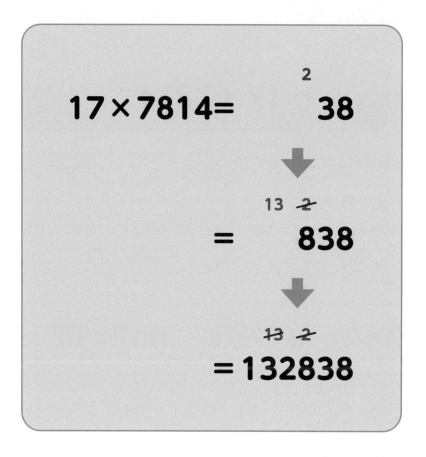

これでかけられる数が19までの時、かける数が何ケタになってもできるということがわかりますよね。

たとえば、12×9876の場合、12×76と12×98で分けてもいいですが、むずかしければ、かける数を1ケタずつに分けると計算できます。

どうですか？ 魔法でしょ。

くり上がりを
おぼえれば、
暗算になるよ！

以下の問題を計算してください。

❶ 11×3136=

❷ 11×9316=

❸ 11×4812=

❹ 12×1834=

❺ 12×5156=

❻ 13×1491=

❼ 13×4142=

❽ 14×1847=

❾ 14×1119=

❿ 15×2613=

⓫ 15×7170=

⓬ 16×8215=

⓭ 16×5212=

⓮ 17×1413=

⓯ 17×1312=

⓰ 18×1536=

⓱ 18×1412=

⓲ 18×9612=

⓳ 19×1390=

⓴ 19×9195=

以下の問題を計算してください。

❶ $11 \times 16151 =$

❷ $11 \times 65313 =$

❸ $11 \times 80147 =$

❹ $12 \times 10818 =$

❺ $12 \times 15148 =$

❻ $13 \times 13124 =$

❼ $13 \times 91212 =$

❽ $14 \times 15158 =$

❾ $14 \times 14313 =$

❿ $15 \times 91717 =$

⑪ $15 \times 60313 =$

⑫ $16 \times 75828 =$

⑬ $16 \times 14155 =$

⑭ $17 \times 11717 =$

⑮ $17 \times 60169 =$

⑯ $17 \times 15929 =$

⑰ $18 \times 15919 =$

⑱ $18 \times 82136 =$

⑲ $19 \times 31931 =$

⑳ $19 \times 16186 =$

以下の問題を計算してください。

❶ 11 × 186641 =

❷ 11 × 161239 =

❸ 11 × 381319 =

❹ 12 × 717511 =

❺ 12 × 141291 =

❻ 12 × 151037 =

❼ 13 × 616132 =

❽ 14 × 161645 =

❾ 14 × 161248 =

❿ 15 × 818411 =

⓫ 15 × 181251 =

⓬ 16 × 181096 =

⓭ 16 × 191599 =

⓮ 17 × 181289 =

⓯ 17 × 818191 =

⓰ 18 × 161997 =

⓱ 18 × 189621 =

⓲ 19 × 171179 =

⓳ 19 × 781391 =

⓴ 19 × 171256 =

円周率を使う計算で使える!

19×3ケタ以上の計算は、円周率を使って計算する時に役立ちます。**円周率は直径と円周との比率を表す数字で、3.14**ですね。
たとえば直径6の円の円周を計算する時、
6×3.14で18.84になります。

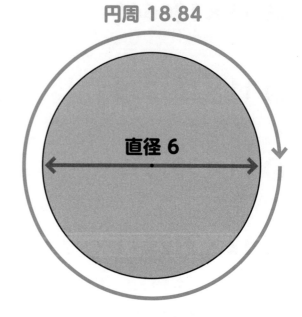

円周 18.84

直径 6

6×3.14は
右のように計算しましょう。

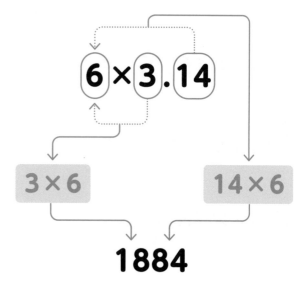

6×3.14

3×6   14×6

1884

かける数が3.14で小数点第2位まで数字があるので、
そのケタ数だけ前に小数点をつけます。

18.8.4

小数点

次は面積を計算してみましょう。

$$3 \times 3 \times 3.14$$

面積を求める公式は
半径×半径×3.14。左の円の場合、
3×3×3.14になります。

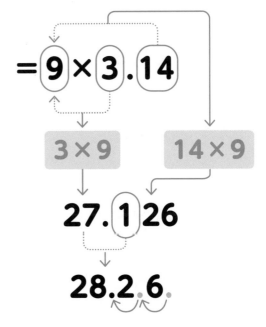

答えは28.26。

直径が2ケタで18だとします。
この時の円周は
右のように計算します。

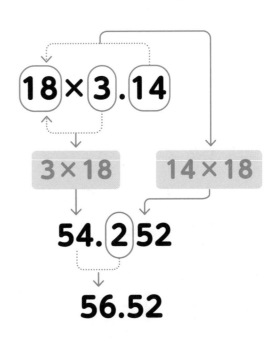

これで円周率の計算も
かんたんにできるでしょ！

以下の問題を計算してください。九去法で答え合わせもしてください。

❶ $11 \times 4 =$

❷ $12 \times 3 =$

❸ $12 \times 5 =$

❹ $12 \times 9 =$

❺ $13 \times 2 =$

❻ $13 \times 6 =$

❼ $14 \times 4 =$

❽ $14 \times 7 =$

❾ $14 \times 8 =$

❿ $15 \times 3 =$

⓫ $15 \times 6 =$

⓬ $16 \times 2 =$

⓭ $16 \times 5 =$

⓮ $16 \times 7 =$

⓯ $17 \times 4 =$

⓰ $17 \times 9 =$

⓱ $18 \times 5 =$

⓲ $18 \times 8 =$

⓳ $19 \times 4 =$

⓴ $19 \times 7 =$

以下の問題を計算してください。九去法で答え合わせもしてください。

❶ 11×13=

❷ 11×16=

❸ 11×19=

❹ 12×13=

❺ 12×15=

❻ 12×18=

❼ 13×12=

❽ 13×16=

❾ 14×13=

❿ 14×17=

⓫ 15×11=

⓬ 15×14=

⓭ 16×16=

⓮ 16×18=

⓯ 17×13=

⓰ 17×19=

⓱ 18×11=

⓲ 18×17=

⓳ 19×12=

⓴ 19×16=

19×無限　総まとめ　テスト [3]

→答えは174ページ

／20

以下の問題を計算してください。九去法で答え合わせもしてください。

❶ 11×15=

❷ 11×18=

❸ 12×16=

❹ 12×19=

❺ 13×13=

❻ 13×18=

❼ 14×11=

❽ 14×15=

❾ 15×13=

❿ 15×18=

⓫ 16×12=

⓬ 16×17=

⓭ 17×15=

⓮ 17×17=

⓯ 18×13=

⓰ 18×15=

⓱ 18×19=

⓲ 19×11=

⓳ 19×15=

⓴ 19×19=

19×無限　総まとめ　テスト [4]　➔答えは174ページ　／20

以下の問題を計算してください。九去法で答え合わせもしてください。

❶ 11×26=

❷ 11×71=

❸ 11×93=

❹ 12×34=

❺ 12×81=

❻ 13×57=

❼ 13×69=

❽ 13×95=

❾ 14×24=

❿ 14×82=

⓫ 15×37=

⓬ 15×70=

⓭ 16×57=

⓮ 16×97=

⓯ 17×26=

⓰ 17×76=

⓱ 18×40=

⓲ 18×83=

⓳ 18×57=

⓴ 19×32=

以下の問題を計算してください。九去法で答え合わせもしてください。

❶ 11×34=

❷ 12×76=

❸ 13×87=

❹ 14×87=

❺ 15×84=

❻ 16×85=

❼ 17×74=

❽ 18×65=

❾ 19×76=

❿ 19×96=

⓫ 11×924=

⓬ 12×799=

⓭ 15×755=

⓮ 17×619=

⓯ 18×988=

⓰ 19×938=

⓱ 14×7517=

⓲ 16×2185=

⓳ 18×17814=

⓴ 12×81745=

以下の問題を計算してください。九去法で答え合わせもしてください。

❶ 1×3.14=

❷ 2×3.14=

❸ 3×3.14=

❹ 4×3.14=

❺ 5×3.14=

❻ 6×3.14=

❼ 7×3.14=

❽ 8×3.14=

❾ 9×3.14=

❿ 10×3.14=

⓫ 11×3.14=

⓬ 12×3.14=

⓭ 13×3.14=

⓮ 14×3.14=

⓯ 15×3.14=

⓰ 16×3.14=

⓱ 17×3.14=

⓲ 18×3.14=

⓳ 19×3.14=

⓴ 20×3.14=

自信をもって暗算してください！

みなさん、この本のノウハウをしっかりマスターできたでしょうか？

19×無限暗算法では、はみ出す数字をおぼえれば、暗算できます。

でも、読者のみなさんは、ムリに暗算することもありません。

はじめのうちはメモを使っても十分です。

暗算方法は、学校や塾のテストで自信をもって使えることが大切です。

そこで考えたのがこの本でしょうかいした九去法を使った検算のやり方です。

これでわたしの教室に通う子どもたちも19×無限暗算法をテストで使う自信をもてました。

そしてミスに気がつく力と直す力がついて成績がとても上がりました。

頭のいい子はミスしない子ではなく、ミスに気がつき、時間内に直すことができる子どもだということをおぼえておいてください。

わたしの30年間の研究は、日本の算数・数学教育を変えうる画期的なものです。

これで日本の算数・数学教育革命をめざしたいと思います。

今後の本にも楽しみしていてください。

株式会社 SUGINOHARA ORIGAMI ACADEMY 代表

杉之原 眞貴

答え

解説 1　指計算

1　（問題は10ページ）
❶6　❷4　❸6　❹6　❺5　❻5　❼9　❽5　❾10　❿6

2　（問題は11ページ）
❶10　❷11　❸10　❹9　❺10　❻10　❼14　❽8　❾14　❿14

3　（問題は12ページ）
❶10　❷8　❸8　❹12　❺14　❻9　❼12　❽8　❾17　❿7

4　（問題は13ページ）
❶11　❷11　❸13　❹12　❺11　❻16　❼7　❽13　❾15　❿16

解説 2　19×1ケタの計算

1　（問題は16〜17ページ）
❶㋑3　㋒33　❷㋑6　㋒16　❸㋑6　㋒36　❹㋑8　㋒88
❺㋑3　㋒13　❻㋑5　㋒55　❼㋑9　㋒39　❽㋑8　㋒28

2　（問題は18ページ）
❶22　❷17　❸66　❹36　❺33　❻48　❼28　❽88　❾26　❿12
⓫14　⓬39　⓭44　⓮99　⓯55　⓰15　⓱24　⓲19　⓳13　⓴77

[3] （問題は22～25ページ）

❶㋑14　㋒84　❷㋑49　㋒119
❸㋑18　㋒48　❹㋑40　㋒90
❺㋑28　㋒98　❻㋑15　㋒65
❼㋑15　㋒45　❽㋑10　㋒60
❾㋑25　㋒75　❿㋑63　㋒133
⓫㋑18　㋒78　⓬㋑18　㋒108
⓭㋑36　㋒96　⓮㋑21　㋒91
⓯㋑54　㋒144　⓰㋑28　㋒68
⓱㋑42　㋒102　⓲㋑36　㋒76
⓳㋑45　㋒135　⓴㋑16　㋒56

[4] （問題は26～27ページ）

❶㋑96　❷㋑104　❸㋑42　❹㋑30　❺㋑78　❻㋑60
❼㋑108　❽㋑105　❾㋑80　❿㋑112　⓫㋑52　⓬㋑72

[5] （問題は28～29ページ）

❶㋐5　㋑85　❷㋐2　㋑34　❸㋐9　㋑117　❹㋐8　㋑152
❺㋐7　㋑126　❻㋐6　㋑72　❼㋐9　㋑153　❽㋐9　㋑171
❾㋐8　㋑144　❿㋐6　㋑84　⓫㋐9　㋑162　⓬㋐3　㋑54

[6] （問題は30ページ）

❶85　❷60　❸90　❹30　❺72　❻84　❼84　❽112　❾98　❿96
⓫126　⓬128　⓭78　⓮64　⓯96　⓰32　⓱119　⓲133　⓳144　⓴34

[7] （問題は31ページ）

❶108　❷68　❸91　❹75　❺42
❻102　❼95　❽52　❾38　❿153
⓫60　⓬104　⓭76　⓮105　⓯136
⓰65　⓱70　⓲152　⓳54　⓴171

解説 3　九去法

1 （問題は 36〜37 ページ）

❶ⓤ1　㋒5　㋔6　　❷ⓤ3　㋒6　㋔9　　❸ⓤ2　㋒4　㋔6　　❹ⓤ3　㋒6　㋔9

❺ⓤ1　㋒6　㋔7　　❻ⓤ4　㋒0　㋔4　　❼ⓤ4　㋒2　㋔6　　❽ⓤ6　㋒3　㋔9

❾ⓤ5　㋒4　㋔9　　❿ⓤ8　㋒1　㋔9

2 （問題は 38 ページ）

❶×（正しい答え126）　❷○　❸○　❹×（正しい答え52）　❺○

❻○　❼×（正しい答え99）　❽○　❾○　❿×（正しい答え128）

3 （問題は 39 ページ）

❶○　❷×（正しい答え33）　❸○　❹○　❺○

❻○　❼○　❽○　❾×（正しい答え104）　❿○

4 （問題は 40 ページ）

❶○　❷×（正しい答え22）　❸○　❹○　❺○

❻×（正しい答え77）　❼○　❽○　❾×（正しい答え36）　❿○

5 （問題は 41 ページ）

❶○　❷○　❸○　❹○　❺○

❻×（正しい答え119）　❼×（正しい答え153）　❽○　❾○　❿×（正しい答え96）

6 （問題は 42 ページ）

❶×（正しい答え448）　❷○　❸○　❹×（正しい答え1159）　❺○

❻○　❼×（正しい答え1008）　❽○　❾×（正しい答え855）　❿○

7 （問題は 43 ページ）

❶○　❷×（正しい答え1530）　❸×（正しい答え814）　❹○

❺×（正しい答え1079）　❻○　❼○　❽×（正しい答え1376）

❾×（正しい答え1248）　❿○

答え　165

解説 4　19×19の計算

[1]（問題は47～49ページ）

❶㋑4×1=4　㋒4　㋓11　㋔15（答え：154）

❷㋑1×6=6　㋒6　㋓16　㋔17（答え：176）

❸㋑2×3=6　㋒6　㋓13　㋔15（答え：156）

❹㋑2×1=2　㋒2　㋓11　㋔13（答え：132）

❺㋑1×8=8　㋒8　㋓18　㋔19（答え：198）

❻㋑4×2=8　㋒8　㋓12　㋔16（答え：168）

❼㋑3×3=9　㋒9　㋓13　㋔16（答え：169）

❽㋑8×1=8　㋒8　㋓11　㋔19（答え：198）

[2]（問題は50～51ページ）

❶㋐2　㋑6　㋒15（答え：156）　❷㋐2　㋑8　㋒16（答え：168）

❸㋐1　㋑3　㋒14（答え：143）　❹㋐1　㋑9　㋒20（答え：209）

❺㋐1　㋑6　㋒17（答え：176）　❻㋐7　㋑7　㋒18（答え：187）

❼㋐6　㋑6　㋒17（答え：176）　❽㋐9　㋑9　㋒20（答え：209）

[3]（問題は52ページ）

❶144　❷176　❸165　❹168　❺156　❻187　❼187　❽165　❾169　❿198

⓫132　⓬154　⓭168　⓮143　⓯154　⓰209　⓱121　⓲156　⓳132　⓴209

[4]（問題は56～59ページ）

❶㋑6×3＝18　㋒8　㋓13　㋔20（答え：208）

❷㋑7×2＝14　㋒4　㋓12　㋔20（答え：204）

❸㋑4×4＝16　㋒6　㋓14　㋔19（答え：196）

❹㋑5×5＝25　㋒5　㋓15　㋔22（答え：225）

❺㋑2×5＝10　㋒0　㋓15　㋔18（答え：180）

❻㋑9×3＝27　㋒7　㋓13　㋔24（答え：247）

❼㋑8×8＝64　㋒4　㋓18　㋔32（答え：324）

❽㋑8×5＝40　㋒0　㋓15　㋔27（答え：270）

❾㋑5×2＝10　㋒0　㋓12　㋔18（答え：180）

⓾㋑3×7＝21　㋒1　㋓17　㋔22（答え：221）

⓫㋑7×6＝42　㋒2　㋓16　㋔27（答え：272）

⓬㋑3×9＝27　㋒7　㋓19　㋔24（答え：247）

[5]（問題は60～63ページ）

❶㋑5　㋒25（答え：255）　❷㋑2　㋒19（答え：192）

❸㋑8　㋒28（答え：288）　❹㋑4　㋒23（答え：234）

❺㋑8　㋒22（答え：228）　❻㋑4　㋒22（答え：224）

❼㋑0　㋒24（答え：240）　❽㋑6　㋒30（答え：306）

❾㋑5　㋒19（答え：195）　❿㋑0　㋒21（答え：210）

⓫㋑8　㋒20（答え：208）　⓬㋑0　㋒21（答え：210）

⓭㋑2　㋒19（答え：192）　⓮㋑5　㋒28（答え：285）

⓯㋑3　㋒32（答え：323）　⓰㋑8　㋒23（答え：238）

⓱㋑0　㋒24（答え：240）　⓲㋑6　㋒30（答え：306）

⓳㋑9　㋒28（答え：289）　⓴㋑8　㋒23（答え：238）

㉑㋑6　㋒26（答え：266）　㉒㋑4　㋒30（答え：304）

㉓㋑2　㋒34（答え：342）　㉔㋑2　㋒27（答え：272）

㉕㋑4　㋒23（答え：234）　㉖㋑8　㋒28（答え：288）

[6]（問題は64～65ページ）

❶㋐8　㋑6　㋒21（答え：216）　❷㋐6　㋑4　㋒30（答え：304）

❸㋐3　㋑2　㋒18（答え：182）　❹㋐4　㋑2　㋒18（答え：182）

❺㋐9　㋑5　㋒28（答え：285）　❻㋐3　㋑5　㋒19（答え：195）

❼㋐4　㋑4　㋒22（答え：224）　❽㋐2　㋑6　㋒21（答え：216）

❾㋐7　㋑3　㋒32（答え：323）　❿㋐5　㋑0　㋒27（答え：270）

[7]（問題は66ページ）

❶182　❷285　❸342　❹224　❺216　❻234　❼304　❽306　❾256　❿204

⓫208　⓬255　⓭252　⓮195　⓯238　⓰306　⓱289　⓲285　⓳182　⓴304

[8]（問題は67ページ）

❶192　❷323　❸216　❹168　❺288　❻272　❼210　❽270　❾266　❿228

⓫176　⓬266　⓭252　⓮240　⓯198　⓰238　⓱361　⓲168　⓳323　⓴221

[9]（問題は68ページ）

❶225 ❷270 ❸154 ❹255 ❺216 ❻156 ❼224 ❽272 ❾234 ❿306
⓫208 ⓬272 ⓭266 ⓮165 ⓯208 ⓰255 ⓱198 ⓲323 ⓳304 ⓴204

[10]（問題は69ページ）

❶196 ❷342 ❸240 ❹221 ❺216 ❻238 ❼324 ❽132 ❾182 ❿180
⓫169 ⓬252 ⓭304 ⓮195 ⓯209 ⓰266 ⓱247 ⓲240 ⓳247 ⓴361

解説5　19×99の計算

[1]（問題は80～87ページ）

❶㋐12×1 ㋑12 ㋒12×5 ㋓60 ㋔61 ㋕612
❷㋐13×2 ㋑26 ㋒13×2 ㋓26 ㋔28 ㋕286
❸㋐14×2 ㋑28 ㋒14×6 ㋓84 ㋔86 ㋕868
❹㋐15×6 ㋑90 ㋒15×4 ㋓60 ㋔69 ㋕690
❺㋐15×1 ㋑15 ㋒15×5 ㋓75 ㋔76 ㋕765
❻㋐14×1 ㋑14 ㋒14×5 ㋓70 ㋔71 ㋕714
❼㋐17×1 ㋑17 ㋒17×4 ㋓68 ㋔69 ㋕697
❽㋐18×5 ㋑90 ㋒18×5 ㋓90 ㋔99 ㋕990
❾㋐19×2 ㋑38 ㋒19×5 ㋓95 ㋔98 ㋕988
❿㋐15×3 ㋑45 ㋒15×2 ㋓30 ㋔34 ㋕345
⓫㋐12×1 ㋑12 ㋒12×3 ㋓36 ㋔37 ㋕372
⓬㋐13×1 ㋑13 ㋒13×5 ㋓65 ㋔66 ㋕663
⓭㋐14×6 ㋑84 ㋒14×5 ㋓70 ㋔78 ㋕784
⓮㋐19×1 ㋑19 ㋒19×4 ㋓76 ㋔77 ㋕779

[2]（問題は88～91ページ）

❶㋐33 ㋑44 ㋒47 ㋓473　❷㋐55 ㋑44 ㋒49 ㋓495
❸㋐11 ㋑77 ㋒78 ㋓781　❹㋐72 ㋑60 ㋒67 ㋓672
❺㋐24 ㋑96 ㋒98 ㋓984　❻㋐13 ㋑78 ㋒79 ㋓793
❼㋐56 ㋑42 ㋒47 ㋓476　❽㋐98 ㋑70 ㋒79 ㋓798
❾㋐90 ㋑90 ㋒99 ㋓990　❿㋐64 ㋑32 ㋒38 ㋓384
⓫㋐39 ㋑52 ㋒55 ㋓559　⓬㋐39 ㋑26 ㋒29 ㋓299

3 （問題は92～95ページ）

❶㋐34　㋑51　㋒54　㋓544　❷㋐18　㋑54　㋒55　㋓558
❸㋐32　㋑96　㋒99　㋓992　❹㋐39　㋑91　㋒94　㋓949
❺㋐36　㋑54　㋒57　㋓576　❻㋐48　㋑60　㋒64　㋓648
❼㋐45　㋑60　㋒64　㋓645　❽㋐36　㋑90　㋒93　㋓936
❾㋐51　㋑34　㋒39　㋓391　❿㋐90　㋑30　㋒39　㋓390
⓫㋐48　㋑84　㋒88　㋓888　⓬㋐60　㋑90　㋒96　㋓960

4 （問題は96ページ）

❶693　❷396　❸492　❹696　❺876　❻585　❼676　❽1148
❾770　❿420　⓫795　⓬1290　⓭864　⓮1152　⓯1581　⓰578
⓱738　⓲918　⓳1748　⓴798

5 （問題は97ページ）

❶286　❷572　❸276　❹744　❺972　❻533　❼780　❽1066
❾1176　❿915　⓫1395　⓬832　⓭1488　⓮1088　⓯1377　⓰774
⓱1656　⓲1178　⓳1577　⓴1786

6 （問題は100～103ページ）

❶㋐60　㋑36　㋒42　㋓420　❷㋐77　㋑77　㋒84　㋓847
❸㋐24　㋑48　㋒50　㋓504　❹㋐78　㋑65　㋒72　㋓728
❺㋐98　㋑42　㋒51　㋓518　❻㋐90　㋑45　㋒54　㋓540
❼㋐80　㋑64　㋒72　㋓720　❽㋐85　㋑34　㋒42　㋓425
❾㋐36　㋑108　㋒111　㋓1116　❿㋐76　㋑133　㋒140　㋓1406
⓫㋐68　㋑85　㋒91　㋓918　⓬㋐70　㋑56　㋒63　㋓630

7 （問題は104ページ）

❶517　❷935　❸312　❹528　❺403　❻1209　❼1092　❽1344
❾840　❿1024　⓫512　⓬901　⓭1428　⓮432　⓯608　⓰602
⓱715　⓲1116　⓳481　⓴1078

8 （問題は105ページ）

❶649 ❷748 ❸1008 ❹324 ❺804 ❻442 ❼845 ❽364
❾1302 ❿658 ⓫1140 ⓬585 ⓭1312 ⓮704 ⓯1207 ⓰714
⓱630 ⓲1512 ⓳1026 ⓴437

9 （問題は107～109ページ）

❶㋐8 ㋑10 ㋒34（答え：348） ❷㋐4 ㋑10 ㋒75（答え：754）
❸㋐6 ㋑12 ㋒40（答え：406） ❹㋐5 ㋑10 ㋒40（答え：405）
❺㋐0 ㋑12 ㋒72（答え：720） ❻㋐8 ㋑12 ㋒76（答え：768）
❼㋐2 ㋑10 ㋒61（答え：612） ❽㋐6 ㋑13 ㋒98（答え：986）
❾㋐6 ㋑12 ㋒66（答え：666） ❿㋐3 ㋑13 ㋒89（答え：893）
⓫㋐3 ㋑13 ㋒70（答え：703） ⓬㋐1 ㋑17 ㋒93（答え：931）
⓭㋐8 ㋑10 ㋒94（答え：948） ⓮㋐4 ㋑10 ㋒88（答え：884）

10 （問題は110ページ）

❶588 ❷507 ❸812 ❹480 ❺870 ❻1320 ❼608 ❽1072
❾799 ❿833 ⓫1479 ⓬864 ⓭468 ⓮513 ⓯1653 ⓰1274
⓱1065 ⓲1071 ⓳969 ⓴1292

11 （問題は111ページ）

❶828 ❷1188 ❸1027 ❹364 ❺896 ❻1246 ❼705
❽1155 ❾1485 ❿1408 ⓫432 ⓬1156 ⓭1394 ⓮1564
⓯1062 ⓰702 ⓱1206 ⓲684 ⓳1311 ⓴912

12 （問題は112ページ）

❶708 ❷735 ❸816 ❹1568 ❺828 ❻448 ❼1104
❽1309 ❾1242 ❿722 ⓫689 ⓬1106 ⓭672 ⓮1139
⓯522 ⓰1602 ⓱551 ⓲1102 ⓳1482 ⓴1224

13 （問題は113ページ）

❶624 ❷1456 ❸1424 ❹1003 ❺1445 ❻1343 ❼1513
❽504 ❾900 ❿1368 ⓫1404 ⓬1422 ⓭532 ⓮646
⓯836 ⓰741 ⓱1064 ⓲1121 ⓳1368 ⓴1501

解説 6　19×無限の計算

1（問題は118～125ページ）

❶㋐11×3　㋑33　㋒11×6　㋓66　㋔69　㋕11×1　㋖11　㋗17　㋘1793

❷㋐11×1　㋑11　㋒11×2　㋓22　㋔23　㋕11×6　㋖66　㋗68　㋘6831

❸㋐11×6　㋑66　㋒11×0　㋓00　㋔06　㋕11×8　㋖88　㋗88　㋘8866

❹㋐12×4　㋑48　㋒12×1　㋓12　㋔16　㋕12×3　㋖36　㋗37　㋘3768

❺㋐12×5　㋑60　㋒12×1　㋓12　㋔18　㋕12×5　㋖60　㋗61　㋘6180

❻㋐13×1　㋑13　㋒13×2　㋓26　㋔27　㋕13×7　㋖91　㋗93　㋘9373

❼㋐13×3　㋑39　㋒13×4　㋓52　㋔55　㋕13×7　㋖91　㋗96　㋘9659

❽㋐14×1　㋑14　㋒14×4　㋓56　㋔57　㋕14×3　㋖42　㋗47　㋘4774

❾㋐14×2　㋑28　㋒14×1　㋓14　㋔16　㋕14×4　㋖56　㋗57　㋘5768

❿㋐14×2　㋑28　㋒14×6　㋓84　㋔86　㋕14×5　㋖70　㋗78　㋘7868

⓫㋐15×5　㋑75　㋒15×2　㋓30　㋔37　㋕15×5　㋖75　㋗78　㋘7875

⓬㋐16×3　㋑48　㋒16×0　㋓00　㋔04　㋕16×2　㋖32　㋗32　㋘3248

⓭㋐17×3　㋑51　㋒17×2　㋓34　㋔39　㋕17×5　㋖85　㋗88　㋘8891

⓮㋐18×2　㋑36　㋒18×0　㋓00　㋔03　㋕18×4　㋖72　㋗72　㋘7236

2（問題は126～131ページ）

❶㋐33　㋑44　㋒47　㋓11　㋔15　㋕1573

❷㋐55　㋑11　㋒16　㋓66　㋔67　㋕6765

❸㋐22　㋑55　㋒57　㋓77　㋔82　㋕8272

❹㋐24　㋑36　㋒38　㋓96　㋔99　㋕9984

❺㋐48　㋑60　㋒64　㋓96　㋔102　㋕10248

❻㋐39　㋑13　㋒16　㋓117　㋔118　㋕11869

❼㋐28　㋑84　㋒86　㋓84　㋔92　㋕9268

❽㋐45　㋑30　㋒34　㋓105　㋔108　㋕10845

❾㋐80　㋑32　㋒40　㋓16　㋔20　㋕2000

❿㋐0　㋑64　㋒64　㋓144　㋔150　㋕15040

⓫㋐34　㋑51　㋒54　㋓102　㋔107　㋕10744

⓬㋐19　㋑76　㋒77　㋓57　㋔64　㋕6479

⓭㋐16　㋑32　㋒33　㋓144　㋔147　㋕14736

⓮㋐17　㋑34　㋒35　㋓85　㋔88　㋕8857

⑮㋐18　㋑36　㋒37　㋓72　㋔75　㋕7578
⑯㋐54　㋑72　㋒77　㋓90　㋔97　㋕9774
⑰㋐19　㋑57　㋒58　㋓114　㋔119　㋕11989
⑱㋐48　㋑12　㋒16　㋓72　㋔73　㋕7368
⑲㋐70　㋑0　㋒7　㋓84　㋔84　㋕8470
⑳㋐75　㋑30　㋒37　㋓135　㋔138　㋕13875

3　（問題は135～137ページ）

❶㋐5　㋑5　㋒4　㋓10　㋔32　（答え：3245）
❷㋐9　㋑9　㋒4　㋓6　㋔61　（答え：6149）
❸㋐2　㋑7　㋒5　㋓5　㋔29　（答え：2952）
❹㋐8　㋑10　㋒0　㋓1　㋔49　（答え：4908）
❺㋐6　㋑3　㋒3　㋓6　㋔114　（答え：11436）
❻㋐9　㋑3　㋒6　㋓1　㋔53　（答え：5369）
❼㋐0　㋑7　㋒5　㋓3　㋔45　（答え：4550）
❽㋐5　㋑7　㋒2　㋓2　㋔62　（答え：6225）
❾㋐0　㋑12　㋒2　㋓7　㋔37　（答え：3720）
❿㋐8　㋑12　㋒2　㋓1　㋔33　（答え：3328）
⓫㋐2　㋑11　㋒7　㋓2　㋔146　（答え：14672）
⓬㋐7　㋑1　㋒6　㋓8　㋔144　（答え：14467）
⓭㋐4　㋑14　㋒8　㋓6　㋔24　（答え：2484）
⓮㋐6　㋑3　㋒9　㋓12　㋔120　（答え：12096）
⓯㋐7　㋑5　㋒4　㋓2　㋔21　（答え：2147）
⓰㋐2　㋑15　㋒7　㋓16　㋔149　（答え：14972）

4　（問題は138ページ）

❶7887　❷9966　❸10472　❹1356　❺8016　❻2782　❼11115
❽4830　❾10430　❿2475　⓫5340　⓬11264　⓭15216　⓮10591
⓯13736　⓰14518　⓱7776　⓲9810　⓳5776　⓴16188

5　（問題は139ページ）

❶3971　❷4719　❸5258　❹2292　❺2832　❻9165　❼11076
❽1876　❾13482　❿1845　⓫5475　⓬1984　⓭14816　⓮15351
⓯8874　⓰7704　⓱6264　⓲10170　⓳17366　⓴18069

172

6 （問題は145ページ）

❶1276 ❷3454 ❸4598 ❹2076 ❺6204 ❻6669 ❼11895
❽2562 ❾4452 ❿6285 ⓫9180 ⓬1840 ⓭3168 ⓮5287
⓯8755 ⓰12189 ⓱1998 ⓲3438 ⓳2869 ⓴17328

7 （問題は146ページ）

❶1771 ❷2046 ❸4576 ❹1476 ❺2388 ❻5447 ❼9334
❽2072 ❾8666 ❿2670 ⓫9240 ⓬3008 ⓭13040 ⓮13906
⓯15606 ⓰5724 ⓱9324 ⓲2318 ⓳6004 ⓴17423

8 （問題は147ページ）

❶1848 ❷5676 ❸8976 ❹2244 ❺2376 ❻11004 ❼11934
❽2632 ❾10024 ❿2970 ⓫10725 ⓬2848 ⓭3104 ⓮3026
⓯10489 ⓰3024 ⓱16488 ⓲3382 ⓳11742 ⓴17461

9 （問題は151ページ）

❶34496 ❷102476 ❸52932 ❹22008 ❺61872 ❻19383 ❼53846
❽25858 ❾15666 ❿39195 ⓫107550 ⓬131440 ⓭83392 ⓮24021
⓯22304 ⓰27648 ⓱25416 ⓲173016 ⓳26410 ⓴174705

10 （問題は152ページ）

❶177661 ❷718443 ❸881617 ❹129816 ❺181776 ❻170612
❼1185756 ❽212212 ❾200382 ❿1375755 ⓫904695 ⓬1213248
⓭226480 ⓮199189 ⓯1022873 ⓰270793 ⓱286542 ⓲1478448
⓳606689 ⓴307534

11 （問題は153ページ）

❶2053051 ❷1773629 ❸4194509 ❹8610132 ❺1695492
❻1812444 ❼8009716 ❽2263030 ❾2257472 ❿12276165
⓫2718765 ⓬2897536 ⓭3065584 ⓮3081913 ⓯13909247
⓰2915946 ⓱3413178 ⓲3252401 ⓳14846429 ⓴3253864

19×無限　総まとめ

1 （問題は156ページ）

❶44　❷36　❸60　❹108　❺26　❻78　❼56　❽98　❾112　❿45
⓫90　⓬32　⓭80　⓮112　⓯68　⓰153　⓱90　⓲144　⓳76　⓴133

2 （問題は157ページ）

❶143　❷176　❸209　❹156　❺180　❻216　❼156　❽208　❾182　❿238
⓫165　⓬210　⓭256　⓮288　⓯221　⓰323　⓱198　⓲306　⓳228　⓴304

3 （問題は158ページ）

❶165　❷198　❸192　❹228　❺169　❻234　❼154　❽210　❾195　❿270
⓫192　⓬272　⓭255　⓮289　⓯234　⓰270　⓱342　⓲209　⓳285　⓴361

4 （問題は159ページ）

❶286　❷781　❸1023　❹408　❺972　❻741　❼897
❽1235　❾336　❿1148　⓫555　⓬1050　⓭912　⓮1552
⓯442　⓰1292　⓱720　⓲1494　⓳1026　⓴608

5 （問題は160ページ）

❶374　❷912　❸1131　❹1218　❺1260　❻1360　❼1258
❽1170　❾1444　❿1824　⓫10164　⓬9588　⓭11325　⓮10523
⓯17784　⓰17822　⓱105238　⓲34960　⓳320652　⓴980940

6 （問題は161ページ）

❶3.14　❷6.28　❸9.42　❹12.56　❺15.7　❻18.84　❼21.98
❽25.12　❾28.26　❿31.4　⓫34.54　⓬37.68　⓭40.82　⓮43.96
⓯47.1　⓰50.24　⓱53.38　⓲56.52　⓳59.66　⓴62.8

Suginohara Origami Academy
杉之原折り紙アカデミー

のご紹介

杉之原折り紙アカデミーは、「折り紙で算数教育革命を起こす」との教育理念で運営される会社。2023年末時点で、受講生1000人以上が学んでおります。「魔法の折り紙」は折り紙で算数・数学が学べる、まったく新しい勉強法です。

主な事業

① 算数が大好きになる！
魔法の折り紙オンラインレッスン
（zoom）

② 七田式天六教室と本町教室運営

③ 魔法の折り紙講演会
（日本全国・国外で100講演以上）

④ 魔法の折り紙・計算シリーズ
書籍出版

⑤ 魔法の折り紙オンラインサロン運営
（Facebook）

⑥ 魔法の折り紙算数　コンテンツ動画販売

公式LINE

このQRコードから、
公式LINEを友だち追加！

「魔法の折り紙オンラインレッスン」2か月コースを、2000円オフで受講できるクーポンを配信しています！
さらに公式LINEでキーワード「暗算マスター」と話しかけていただければ、購入者限定の特典情報をお知らせします！
ぜひこの機会に、公式LINEを友だち追加してください！

お問い合わせはこちらから

WEB https://magic-origami.com/

MAIL maakun319@gmail.com

TEL **06-6358-1395**

株式会社
SUGINOHARA ORIGAMI ACADEMY
〒530-0041
大阪府大阪市北区天神橋六丁目6番19号
エレガントビル南館4F 405

著者紹介

杉之原 眞貴 （すぎのはら・まさたか）

株式会社 SUGINOHARA ORIGAMI ACADEMY 代表。関西大学法学部卒業。七田式教室講師歴 30 年。折り紙を利用した算数指導には定評があり、教え子には最難関中学の合格者も多数。日本の算数・数学教育がもっとよくなるように SUGINOHARA ORIGAMI メソッドを創造開発。オンライン授業を展開中。全国での講演だけでなく、日本および世界からの依頼を受け、オンライン講演活動多数。著書に『おとなも子どもも夢中になれる！魔法の計算あそび』（CS 出版）、『考える力が育つ魔法の折り紙あそび』『頭がよくなる 魔法の折り紙あそび』『「集中力」が育つ 魔法の変身折り紙』『5つの力が身につく！10歳までの「育脳」折り紙あそび』（ともに PHP 研究所）がある。

スタッフ

編集	クリエイティブ・スイート
本文デザイン・装丁	大槻亜衣 （クリエイティブ・スイート）
イラスト	大槻亜衣
編集協力	吉田暖、松田和香 （クリエイティブ・スイート）

テストで使える！
「19×999…（むげん）」魔法の暗算ドリル

2023 年 12 月 22 日　第 1 版第 1 刷発行

著　者	杉之原　眞貴
発行者	藪内　健史
発行所	CS出版
	〒 556-0016
	大阪市浪速区元町 1-1-20　新賑橋ビル新館 2F
	TEL　06-6634-3312
	MAIL　takatora@creative-sweet.com
印刷所 製　本	モリモト印刷株式会社

©Masataka Suginohara 2023 Printed in Japan　　ISBN978-4-9912782-1-1